实验心理学实验指导手册

定险峰 ◇ 编著

华中师范大学心理学国家级实验教学示范中心 组编

世界图书出版公司
广州·北京·上海·西安

图书在版编目（CIP）数据

实验心理学实验指导手册 / 定险峰编著 . —广州：世界图书出版广东有限公司，2017.11（2021.9 重印）
ISBN 978-7-5192-3977-0

Ⅰ.①实… Ⅱ.①定… Ⅲ.①实验心理学—手册
Ⅳ.① B841.4-62

中国版本图书馆 CIP 数据核字（2017）第 283213 号

书　　名	实验心理学实验指导手册 SHIYAN XINLIXUE SHIYAN ZHIDAO SHOUCE
编 著 者	定险峰
责任编辑	刘文婷
装帧设计	楚芊沅
出版发行	世界图书出版有限公司　世界图书出版广东有限公司
地　　址	广州市海珠区新港西路大江冲 25 号
邮　　编	510300
电　　话	（020）84459702
网　　址	http://www.gdst.com.cn/
邮　　箱	wpc_gdst@163.com
经　　销	新华书店
印　　刷	广东虎彩云印刷有限公司
开　　本	787mm×1092mm　1/16
印　　张	12
字　　数	196 千字
版　　次	2017 年 11 月第 1 版　2021 年 9 月第 5 次印刷
国际书号	ISBN 978-7-5192-3977-0
定　　价	36.00 元

版权所有，翻印必究
（如有印装错误，请与出版社联系）

编委会

主　编：马红宇　郭永玉

副主编：莫书亮

编委会（按姓氏笔画排列）：

马红宇　王忠军　孔繁昌　朱　旭　张　微

范　炤　定险峰　赵庆柏　贺金波　郭永玉

莫书亮　陶　嵘　唐汉瑛　龚少英　温芳芳

总 序

自从德国学者冯特在莱比锡大学建立第一个心理学实验室开始,心理学家便采用实验的方法研究感知觉等心理学问题。随后,艾宾浩斯采用实验方法研究记忆这一更高级的心理活动,画出了著名的"遗忘曲线"。采用实验的方法研究心理学问题,标志着心理学从哲学中分离出来,成为一门独立学科。经过一百多年的发展,实验方法已经在心理学各个研究领域得到应用。应用的范围也从早期主要关注感知觉、记忆等基本的认知过程,发展到研究意识、无意识知觉、思维、社会认知等问题。认知神经科学研究方法,采用新型仪器(如脑电、核磁共振成像、眼动仪等)来研究几乎所有心理学领域的问题。除了实验方法,心理学家也采用其他研究方法和工具,如心理测量、质性研究法等。这些方法并不矛盾,只是在适用的研究问题和逻辑规则上存在一定差异。

心理学研究既关注基础领域的问题,揭示心理现象的基本过程和发展规律,也关注心理学知识的应用和实践。尤其是在现代社会,人类面临个人和社会发展中的各种问题,因而心理学研究力求揭示心理现象和大脑的秘密,为人类个体的幸福和社会的进步做出自己的贡献。大学的心理教学,担负着培养心理学研究者和心理学工作者的重任。教给学生心理学的研究方法,既是为科学研究打基础,也是为心理学的专业服务打基础。研究方法是心理学专业的核心竞争力,无论是对于研究者还是对于以心理学为职业的工作者而言都是如此。本书系就是为了满足大学心理学科的实验教学需要而编写的。

华中师范大学心理学科的历史可以追溯到1930年代的华中大学时期,先驱者们从美国留学回来并引进了实验心理学的方法。1949年以后,心理学教学时断时续，直到文革结束后得以恢复。特别是 2005 年心理学院独立建制以来，心理学科的教学和研究得到了跨越式的发展，实验室的建设则是这种发展的支撑和保障。2009 年，我校心理学实验室成为湖北省教育厅立项建设的省级实验教学示范中心。2012 年获批国家级心理学实验教学示范中心，2015 年获批国家级心理与行为虚拟仿真实验教学中心，成为国内首家心理学科国家级虚拟仿真实验教学中心，也是国家首批、本校首家虚拟仿真实验教学中心。

华中师范大学心理学实验教学示范中心与湖北省人的发展与心理健康重点实验室、青少年网络心理与行为教育部重点实验室共建共享。本中心的发展以心理学院的学科发展为支撑，以服务于专业建设和人才培养为目的，形成了"培养实验技能、提高实践能力、训练科学素养、突出创新教育，促进学科交叉"的教学理念。中心经过几年的建设，形成了鲜明的特色。第一，构建了依托和支撑学科发展、教学对象广泛、教学和科研相互促进的实验教学平台。第二，建立了教师教育特色鲜明的多层次、分阶段和模块化的实验教学体系，以及网络化、信息化和人性化的实验教学管理体系。第三，实验中心建设和发展具有鲜明的交叉学科和新兴学科特色。

实验课程教学资源建设是本中心的重要工作之一。根据以下指导思想，我们编写了这套实验教学指导丛书。在已有实验教学体系中，实验课程设置和实验项目安排要适应不同生源、不同专业方向的要求，从基础演示型实验到研究创新型实验，进行分层次模块化管理。总体上根据教学计划，在不同阶段根据学生的基础和培养方案，安排不同的课程。充分尊重学生自主选择，独立实验，把最新的教学思想、教学方法和实验项目反映在教材之中。通过各个层次和阶段的实验教学，培养学生的实验操作能力、实践应用能力和创新能力。实验项目设置上充分考虑到实验软件和现代化技术对实验教学提出的要求，各门课程都开设了使用现代化设备的新型实验项目。随着认知神经科学的发展，事件相关脑电位（ERP）、脑功能成像（fMRI）、眼动实验技术等也被纳入实验课程。

丛书也充分体现了实验教学与科研紧密结合的思想。实验课程教师将创新型和设计型实验项目的开设与自己的科研项目结合起来。通过教师指导学生完成实验研究，或由学生自主完成实验研究，培养学生的科学创新能力。同时，心理学实验教学还应该与社会实践紧密结合，该套丛书也体现了实验室实验与实验室外的实践活动相统一的特点。在实验课程的内容设计上，采用广义实验教学的思路，将实验室实验与社会机构实践基地的活动教学结合起来。

本丛书从2013年底开始组织编写，由实验中心讨论确定指导思想，明确编写思路和写作风格，选定课程及指导书名称。丛书包括实验心理学、生理心理学、发展与教育心理学、社会心理学、心理测量与人才测评、认知神经科学、心理学实验编程、学校心理健康教育实践、心理学专业实习与实践等心理学实验或实践课程。由华中师范大学心理学院富有实验和实践教学经验的一线教师编写。由于每本实验指导书的课程性质和教学形式不同，为了教学中方便师生应用，我们在体例上没有完全统一。

感谢世界图书出版公司编辑付出的辛苦劳动。由于时间和水平所限，错误之处在所难免，敬请批评指正。

郭永玉　莫书亮

2016年6月

内容介绍

本手册较为系统地介绍了心理学领域的基本实验和最新经典实验。全书包括三个部分：基本实验技术、基本认知过程实验以及最新经典实验。第一部分主要介绍心理学实验研究中最基本的实验技术，包括心理物理法和反应时方法；第二部分主要介绍人类的基本认知过程，包括感觉、知觉、注意和记忆等领域所涉及的一些基本或经典实验；第三个部分主要介绍了最近十年发表在顶级科学刊物上最为经典的一些心理学实验研究。本书三个部分内容丰富全面，循序渐进，对于了解心理学实验研究的基本方法和内容有较好的指导作用。全书共包括八十多个实验，每个实验都按照实验背景、实验目的、实验方法和结果讨论的框架来编写，对于学习心理学实验研究过程、实验方法和研究报告撰写都有较强的指导意义。总而言之，本手册适合心理学本科学生作为实验心理学的辅助教材，以及心理学爱好者了解心理学实验的科普读物。

目 录

第一篇 基本实验技术

第一章 心理物理法 ··· 3
第一节 感觉阈限的测量——古典心理物理法 ·························· 3
实验一 最小变化法测音高绝对阈限 ······································ 3
实验二 最小变化法测闪光融合频率 ······································ 5
实验三 最小变化法测明度差别阈限 ······································ 6
实验四 恒定刺激法测两点阈 ··· 8
实验五 恒定刺激法测重量差别阈限 ······································ 9
实验六 平均差误法测长度差别阈限 ···································· 10
实验七 平均差误法测明度差别阈限 ···································· 11
实验八 平均差误法测缪勒—莱尔错觉 ································· 12
第二节 现代心理物理法——信号检测论 ······························· 14
实验一 有无法实验 ·· 15
实验二 评价法实验 ·· 16
实验三 迫选法 ·· 17
第三节 心理量表的制作 ·· 18
实验一 对偶比较法制作颜色爱好量表 ································· 18
实验二 等级排列法制作心理顺序量表 ································· 19
实验三 二分法制作响度等距量表 ······································· 21
实验四 数量估计法制作响度比例量表 ································· 22

第二章 反应时实验 ··· 23
第一节 减法反应时方法 ·· 23
实验一 减法反应时方法——ABC 三类反应时 ······················ 23

实验二　减法反应时方法——短时记忆编码 ·················· 25
　　实验三　减法反应时方法——表象的心理旋转 ················ 26
　第二节　减法反应时方法变式 ································· 28
　　实验一　加法反应时实验 ································· 28
　　实验二　开窗实验法 ····································· 29
　　实验三　序列反应时实验 ································· 31
　第三节　社会认知反应时方法 ································· 33
　　实验一　内隐联想测验（Implicit Association Test） ············ 33
　　实验二　GNAT范式 ····································· 35

第二篇　基本认知过程

第一章　感觉实验 ·· 41
　第一节　视觉实验 ·· 41
　　实验一　光谱感受性的测定 ······························· 41
　　实验二　视觉暗适应的测定 ······························· 43
　　实验三　颜色混合实验 ··································· 44
　　实验四　彩色视野范围的测定 ····························· 46
　第二节　听觉实验 ·· 47
　　实验一　听觉响度绝对阈限的测定 ························· 47
　　实验二　听觉疲劳与听觉适应过程 ························· 49

第二章　知觉实验 ·· 51
　第一节　客体知觉 ·· 51
　　实验一　特征整合论——特征搜索和客体搜索 ················ 52
　　实验二　特征整合论——非对称性搜索实验 ·················· 54
　　实验三　特征整合论——错觉性结合 ························ 56
　　实验四　面部表情知觉 ··································· 57
　　实验五　线索与刺激特征相容性对客体识别的影响 ············ 58
　第二节　空间、时间和运动知觉 ······························ 61
　　实验一　大小知觉恒常性实验 ····························· 61
　　实验二　深度知觉实验 ··································· 63
　　实验三　复制法测定时间知觉实验 ························· 65
　　实验四　速度知觉测定实验 ······························· 67

实验五　似动现象实验 ………………………………………………… 68
　　　实验六　Ponzo错觉实验 ………………………………………………… 69
　　　实验七　听觉方向定位——音笼实验 …………………………………… 71
　第三节　知觉过程中的基本问题 ……………………………………………… 73
　　　实验一　拓扑特征优先还是局部特征优先 ……………………………… 73
　　　实验二　整体优先还是局部优先 ………………………………………… 76
　　　实验三　无意识知觉实验研究——错误再认 …………………………… 78

第三章　注意实验 …………………………………………………………………… 81
　第一节　注意的选择和分配 …………………………………………………… 81
　　　实验一　双耳分听实验——非追随程序 ………………………………… 81
　　　实验二　双耳分听实验——追随程序 …………………………………… 83
　　　实验三　跨通道选择性注意 ……………………………………………… 84
　　　实验四　注意分配实验 …………………………………………………… 86
　　　实验五　点探测范式 ……………………………………………………… 88
　　　实验六　空间线索化任务实验 …………………………………………… 89
　　　实验七　多目标追踪范式 ………………………………………………… 91
　第二节　注意的促进和抑制机制 ……………………………………………… 94
　　　实验一　负启动实验 ……………………………………………………… 94
　　　实验二　返回抑制 ………………………………………………………… 96
　　　实验三　Stroop效应 ……………………………………………………… 98
　　　实验四　新颖刺激的检测和P300——Oddball经典实验范式 ………… 99

第四章　记忆实验 …………………………………………………………………… 101
　第一节　感觉记忆和工作记忆 ………………………………………………… 101
　　　实验一　部分报告法 ……………………………………………………… 101
　　　实验二　工作记忆广度 …………………………………………………… 103
　　　实验三　短时记忆的信息提取方式 ……………………………………… 106
　　　实验四　空间位置记忆广度 ……………………………………………… 107
　　　实验五　范畴效应的实验研究 …………………………………………… 109
　第二节　长时记忆和内隐记忆 ………………………………………………… 110
　　　实验一　自由回忆系列位置效应的影响因素 …………………………… 110
　　　实验二　内隐记忆实验 …………………………………………………… 112
　　　实验三　记忆的实验性分离——任务分离范式 ………………………… 114

实验四　记忆的加工分离范式 116
　　实验五　记忆的加工水平说 118
第三节　其他记忆现象 120
　　实验一　DRM范式——虚假记忆与再认实验 120
　　实验二　提取诱发遗忘实验 122
　　实验三　语音关联对错误再认的影响 124
　　实验四　前瞻记忆 126

第五章　高级认知过程 130
　实验一　句子理解速度测定实验 130
　实验二　空白实验法 131
　实验三　对字面理解和非字面理解的实验研究 133
　实验四　爱荷华博弈任务 136
　实验五　认知方式的测量方法——棒框实验 138
　实验六　停止任务实验 140

第三篇　最新经典实验

第一章　认知实验 145
　研究一　颜色与音乐之间的关联 145
　研究二　网络搜索改变大脑记忆方式 148
　研究三　情绪身体地图的绘制 151
　研究四　冥想训练提高注意力 153
　研究五　短暂的冥想训练可以减少吸烟行为 156

第二章　社会认知实验 160
　研究一　面孔识别中的"老板效应" 160
　研究二　数钱缓解痛苦 162
　研究三　时间能够拯救金钱带来的道德堕落 166
　研究四　经济效益影响合作的实验研究 168
　研究五　物理温暖的体验促进人际温暖 172
　研究六　洗清你的罪恶：心灵的清洁和身体的清洁 175

第一篇 基本实验技术

第一章 心理物理法

第一节 感觉阈限的测量
——古典心理物理法

感受性包括绝对感受性和差别感受性，或者说绝对感觉阈限和差别感觉阈限。绝对阈限是刚刚能感觉到的某种物理刺激的最小值，其操作性定义是指50%次数能够引起感觉，50%次数不能引起感觉的物理刺激的最小值。如声音响度的绝对阈限是指在特定频率下刚刚能够感受到的声音的强度值（dB）等。差别阈限是指刚刚能够引起我们感觉上有差异的物理刺激量的差异，其操作性定义为50%次数能够引起感觉上的差异，50%的次数不能引起感觉差异的物理刺激量的最小差异。如音高差别辨别阈限是指对声音频率变化的最小差别的知觉。

实验一 最小变化法测音高绝对阈限

1. 实验背景

最小变化法是费希纳（G. T. Fechner, 1860）提出测量感受性的三种方法之一。在用最小变化法测定感觉阈限时，通常是按物理量的强弱把刺激排成系列，相邻刺激的强度差别很小，通常要经过预实验进行测定。因为如果刺激强度的差异过小，会无益地增加刺激呈现的次数，如果刺激强度的差异过大，会使结果的误差增大。而且，在实验过程中，刺激强度的变化应保持相等。一般呈现刺激的方法有两种：第一种叫渐减法，是按照刺激强度由强到弱的顺序呈现；另一种叫渐增法，是按照刺激强度由弱到强的顺序呈现。

用最小变化法测定感受性时，有可能产生习惯误差或期望误差。所谓习惯误差或期望误差是指在通过渐增法或渐减法进行实验时，被试对刺激变化方向的习惯性反映或期望可能会导致阈限偏高或偏低的现象。为了排除这种误差，可以同时间隔使用渐增和渐减系列。为了检验实验是否存在习惯误差或期望误差，可以分别求出渐增和渐减刺激系列的阈限值，并对两个阈限值进行检验，如果渐增系列的阈限值显著高于渐减系列的阈限值，则说明存在有习惯误差；相反，则说明存在有期望误差。此外，由于实验次数较多，实验结果可能会受到疲劳和练习效应的影响，为了消除这种影响，在实验过程中使用渐增和渐减的次数相等，且它们在整个刺激系列中在前和在后的机会也相等。疲劳和练习效应可以在实验后进行检验。具体方法是，分别求出前一半实验次数和后一半实验次数的阈限值，如果前一半的阈限值显著高于后一半的阈限值，就说明实验有练习效应，如果前一半的阈限值显著低于后一半的阈限值，就说明实验存在疲劳效应（朱滢，2000，p. 63-65）。

2. 实验目的

掌握最小变化法的实验程序和实验结果的处理，学习最小变化法测量音高感觉阈限的方法。

3. 实验方法

实验材料和仪器：
采用音频信号发生器呈现不同频率的声音刺激。

实验程序：
（1）预实验确定被试的音高绝对阈限的大致范围及变化的幅度。
（2）正式实验的音高刺激由递减和递增两个系列组成，两个系列交替呈现，共 20 次。在递减系列中，声音频率由高到低的顺序呈现；在递增系列中，声音频率由低到高的顺序呈现。每次呈现音高刺激后被试报告自己是否感觉到，感觉到记为"+"，没感觉到记为"-"。

4. 结果分析

音高绝对阈限测量：计算出每个刺激系列"+"与"-"之间的转折点，取两者之间的平均数作为转折点的数值，最后计算所有转折点的数值的平均数即感觉阈限。分析习惯误差和期望误差是否存在，同时分析是否有练习效应。

参考文献

朱滢.（2000）.实验心理学.北京：北京大学出版社.

实验二　最小变化法测闪光融合频率

1. 实验背景

通常较低频率的闪光会使我们产生忽明忽暗的感觉，这种叫闪烁。当闪光的频率不断提高，达到一定频率时，肉眼感知到的闪烁就会消失，看不到闪烁了，最后变成稳定连续的光，这种叫融合。比如我们常见的日光灯。当人们感觉到光不再闪烁时的最小频率称为闪亮融合频率（critical fusion frequency，简称 cff）。cff 受闪光的颜色和背景光的颜色等因素的影响，此外，年龄、练习、注意力集中程度以及疲劳等因素也影响 cff 的高低。

2. 实验目的

通过测定不同色光的闪光融合频率，学习如何使用最小变化法测定绝对感觉阈限；考察不同颜色色光的闪光融合频率是否存在显著差异。

3. 实验方法

实验仪器和材料：

闪光融合频率仪，可呈现红、绿、黄三种色光。实验材料为红、绿两种颜色的色光。

实验设计：

本实验采用 2*2 混合实验设计，两个因素分别为性别（男、女）和闪光颜色（红、绿）。前者为组间因素，后者为组内因素。因变量为 cff 值。

实验程序：

（1）预备实验。选择一种颜色的色光，对被试测定 10 次左右，确定被试大致的闪光融合频率范围和频率变换最小值，并且练习和掌握闪烁与不闪的标准。

（2）正式实验。被试注意看闪光灯，当闪光灯闪动时就报告"闪"，当感觉到闪光灯不闪时，就报告"不闪"。在判断过程中报告"闪"与"不闪"的前后标准要一致。刺激呈现方式采用最小变化法，按渐增和渐减系列呈现，每种色光、每个被试做 15 次渐增和 15 次渐减。主试记录被试的报告情况，闪记为 1，不闪记为 0。绘制刺激呈现系列表和结果记录表。

4. 结果分析

统计个人的闪光融合频率，以及渐增、渐减系列的 cff，考察是否有习惯误差和期望误差。最后收集所有被试数据分析不同性别和颜色下的 cff 差异。

参考文献

朱滢.（2000）.实验心理学.北京：北京大学出版社.

实验三　最小变化法测明度差别阈限

1. 实验背景

通常个体对视觉刺激的明度变化进行知觉时，对刺激的明度变化的知觉是有一定限度的，当明度变化幅度很小时，我们通常是知觉不到这些细微变化的，而当明度变化幅度增大到一定程度时，我们便能够感觉到前后两个刺激的明度差异，此时个体所感觉到的最小的明度变化就是明度差别阈限。当刺激的颜色发生变化时，个体对明度的差别感受性也会发生相应的变化，本实验通过测定不同颜色的明度差别阈限，探讨颜色对明度差别感受性的影响，并对性别差异进行分析。

2. 实验目的

通过测量不同颜色的明度差别阈限，学习使用传统心理物理法——最小变化法测量差别阈限。进一步学习平衡实验中可能出现的期望误差、空间误差、顺序误差和练习效应。

3. 实验方法

实验仪器和材料：
实验材料为计算机呈现的不同颜色方块。颜色有红、绿、蓝。

实验设计：
2*3 混合实验设计。性别（男、女），颜色（红、绿、蓝）。其中性别为被试间因素，颜色为被试内因素。因变量为明度差别阈限。

实验程序：
（1）预备实验：测量不同颜色明度差别阈限的大概范围和变化最小值，以确定比较刺激的明度变化水平。

（2）正式实验：屏幕上出现两个颜色刺激。其中一个是标准刺激，一个是比较刺激，标准刺激有时在左，有时在右，要求被试对呈现的比较刺激与标准刺激进行对比，然后判断比较刺激是比标准刺激的颜色深还是浅，并向主试报告判断是"深"、"浅"或"相等"。如果被试报告"深"，主试记录为"＋"；如果被试报告"相等"，主试记录为"＝"；如果被试报告"浅"，主试记录为"－"。渐增系列和渐减系列各为20次。

4. 结果分析

分析每个被试的上限和下限，上差别阈限和下差别阈限，以及主观相等点，不肯定间距，明度差别阈限，同时分析所有被试的数据，考察不同性别和颜色下的明度差别阈限的差异。

参考文献

杨博民. (1989). 心理实验纲要. 北京：北京大学出版社.

实验四 恒定刺激法测两点阈

1. 实验背景

恒定刺激法是古典心理物理法中测量阈限非常重要的一种，在大多数心理物理实验中广泛使用。其特点是随机呈现几个固定的物理刺激强度，因而得名恒定刺激法。物理刺激通常由 5~7 个组成，最大的刺激应该有 95% 的次数被感觉到，而最小的刺激应该有 95% 的次数感觉不到。刺激之间的差异是等距的。与最小变化法不同，恒定刺激法中刺激的呈现是随机的，每个刺激呈现的次数是相等的。

2. 实验目的

两点阈是指能感受或区分出皮肤上两个点的最小距离。通过测量两点阈，学习恒定刺激法测量绝对阈限的实验程序和分析方法。

3. 实验方法

实验材料和仪器：

两点阈仪规。

实验程序：

（1）先通过预实验确定最大和最小的两个刺激点，即 95% 次数能感觉到为两点（比如 12 mm），95% 的次数感觉不到是两点（比如 8 mm）。然后按照间隔为 1 mm 确定另外三个中间刺激点，9 mm、10 mm 和 11 mm。

（2）正式实验时，随机呈现这 5 个刺激条件，每次让被试判断该刺激是两点还是一点，如果是两点记为"2"，一点记为"1"。总共呈现 100 次，每种刺激 20 次。

4. 结果分析

记录被试在各种条件下的反应。分析出每种刺激条件下报告为两点的百分比，并用直线内插法或回归分析法计算出 50% 次数报告为两点，50% 次数报告为一点的物理刺激值。收集所有被试数据，进一步分析男女在两点阈上的性别差异。

参考文献

朱滢．(2000)．实验心理学．北京：北京大学出版社．

实验五　恒定刺激法测重量差别阈限

1. 实验背景

重量差别阈限是指刚刚感受或区分出重量有差异的物理刺激量的差异。一般而言，就是50%次数刚刚感觉到比标准刺激重，或者50%次数刚刚感觉到比标准刺激轻的重量差异。这种差别阈限叫50%差别阈限，被试反应为三类，即"重"、"相等"和"轻"。有时候为了避免被试态度对实验结果的影响，采用两类强迫反应，只允许被试做"重"和"轻"的反应，此时采用75%差别阈限（朱滢，2000，p. 74-78）。

2. 实验目的

掌握重量差别阈限的测量，了解直线内插法和回归分析法计算差别阈限的方法。

3. 实验方法

实验材料和仪器：

标准刺激为100g。另外有一套重量差别为3g的砝码，依次为91克，94克，97克，100克，103克，106克和109克；眼罩一个。

实验程序：

将7个比较刺激与标准刺激依次配对，总共呈现350次。标准刺激与比较刺激之间的时间间隔小于1s，两个比较之间间隔大于5s。所有刺激序列随机呈现。一半次数标准刺激在前，一半在后。要求被试报告比标准刺激"重"、"相等"还是"轻"。主试记录被试的反应，相应为"＋"、"＝"和"－"。

4. 结果分析

分析出上限和下限，上差别阈限和下差别阈限，主观相等点和不肯定间距以及差别阈限。

参考文献

朱滢.（2000）.实验心理学.北京：北京大学出版社.

实验六　平均差误法测长度差别阈限

1. 实验背景

平均差误法是费希纳（G. T. Fechner, 1860）提出的测量感觉阈限的又一种方法，这个方法的典型实验程序是让被试调节比较刺激，使之与标准刺激相等，因此平均差误法又叫调整法。主观相等点与标准刺激强度差的绝对值的平均数即为阈限值。

平均差误法与最小变化法的根本区别在于，最小变化法出现刺激时，被试每次只能按照增或减的方向调整刺激的强度，不能对比较刺激的强度的变化任意调节；而平均差误法则允许被试对每个刺激进行任意方向的调节。在用平均差误法测感受阈限时，由于被试主动调节比较刺激，因此容易产生动作误差。为了消除动作误差，通常采用一半比较刺激大于标准刺激和一半比较刺激小于标准刺激的方法，刺激呈现采用↓↑↑↓和↑↓↓↑刺激系列（↓代表比较刺激的强度比标准刺激强；↑代表比较刺激的强度比标准刺激弱）。此外，由于比较刺激和标准刺激的空间位置不同，也可能产生空间误差，消除空间误差的方法是比较刺激在左和比较刺激在右的次数相等（杨博民，1989，p. 30-34）。

2. 实验目的

掌握平均差误法对长度差别阈限的测量方法，了解用标准差表示差别阈限。

3. 实验方法

实验材料和仪器：

计算机上呈现两根不同长度的线段，一个为标准刺激，长度固定不变，另一个为比较刺激，长度可以调整变化。

实验程序：

计算机屏幕呈现标准刺激和比较刺激，让被试自己调整比较刺激的强度，等同于标准刺激。一半的被试，标准线段刺激呈现在左边，比较刺激呈现在右边；另一半被试，标准线段刺激呈现在右边，比较刺激呈现在左边。一半的比较刺激比标准线段刺激短，一半的比较刺激比标准线段刺激长。计算机程序记录每次调整的误差。

4. 结果分析

计算被试调整的平均误差，作为长度差别阈限的指标。并进一步分析空间误差和动作误差。

参考文献

杨博民. (1989). 心理实验纲要. 北京：北京大学出版社.

实验七　平均差误法测明度差别阈限

1. 实验目的

通过测量不同颜色的色度辨别差别阈限，学习使用传统心理物理法——平均差误法测量差别阈限。

2. 实验方法

实验材料和仪器：

实验材料为通过计算机呈现的不同颜色的方块，有两种颜色：红和绿。

实验设计：

2*2 混合实验设计，其中性别为被试间因素，颜色为被试内因素。因变量为明度差别阈限。

实验程序：

（1）预备实验：测量不同颜色明度差别辨别的阈限的大概范围，以确定比较刺激的明度变化水平。

（2）正式实验：首先呈现两个明度不同的颜色刺激。其中一个是标准刺激，一个是比较刺激。标准刺激有时在左，有时在右，要求对呈现的比较刺激与标准刺激进行对比，然后判断比较刺激是比标准刺激颜色深还是浅。如果比较刺激比标准刺激的颜色"深"，就按方向键"↑"箭头，如果"相等"就按空格键；如果认为比较刺激是比标准刺激的颜色"浅"，就按"↓"箭头。直至最后调整为相等。在一次调整中，可以根据观察和判断，任意调整比较刺激的颜色的明度。

3. 结果分析

按照公式计算不同颜色下的平均误差，即明度差别阈限。分析检验实验中被试是否有空间误差和动作误差甚至是练习或疲劳效应，并考察不同性别和颜色的明度辨别阈限是否存在显著差异。

参考文献

杨博民．(1989)．心理实验纲要．北京：北京大学出版社．

实验八　平均差误法测缪勒—莱尔错觉

1. 实验目的

通过测量不同角度的 Muller-lyer 错觉，学习使用平均差误法测量感觉差别阈限。

2. 实验方法

实验材料和仪器：

计算机呈现的不同角度的 Muller-lyer 错觉图形。实验的标准刺激长度为 100 mm，比较刺激一半比 100 mm 长，一半比 100 mm 短；刺激变化的最小单位为 1 mm，正式实验的箭头的角度分别为 15°、45°、90°，每种角度做 24 次，3 个被试在 3 个角度上采用拉丁方阵设计。

实验设计：

2*3 混合设计。性别为被试间因素、角度为被试内因素。因变量为错觉量误差。

实验程序：

首先呈现的是两个带有箭头的水平线。其中箭头向外的是标准刺激（"<->"），箭头向内的是比较刺激（">-<"）。有时比较刺激在左，有时比较刺激在右，次数各一半。要求对比较刺激与标准刺激的水平线段的长度进行比较，然后调节比较刺激，使之与标准刺激的长度相等，并按空格键报告相等。如果认为比较刺激比标准刺激"长"，就按下箭头"↓"使比较刺激变"短"；如果认为比较刺激比标准刺激"短"，就按上箭头"↑"使比较刺激变"长"。为了避免动作误差，比较刺激比标准刺激长和短的次数各半；为了避免空间误差，比较刺激和标准刺激在左和在右的次数各半。

3. 结果分析

计算个人的各个角度的错觉量的平均值，并考察不同角度下被试的错觉量是否存在显著差异。

参考文献

杨博民.（1989）.心理实验纲要.北京：北京大学出版社.

第二节 现代心理物理法——信号检测论

古典心理物理法在测量人的感觉阈限时，存在一个比较严重的问题。人的主观态度会影响客观的感受性测量，两者经常混杂在一起。比如一个谨慎的人会在测量绝对阈限时提高标准，只有非常有把握的时候才报告感觉到刺激。但实际上他已经感觉到了，这样因为谨慎会使测量的结果提高，最后的值是客观感受性和主观因素的混合物。为了解决这个问题，后来用现代心理物理法——信号检测论来区分客观感受性和主观判断标准。

信号检测论认为，某个固定的物理刺激形成的感觉强度是呈正态分布的，两个不同的固定物理刺激所形成的感觉强度分布的差异距离可以作为客观感受性的指标。对于同样的物理刺激差异，敏感或感受性高的人所形成的感觉分布差异的距离就越大，不敏感或感受性低的人所形成的感觉分布差异的距离就越小，极端的情况是完全没有辨别力的人所形成的两个感觉分布完全重叠，即距离为 0。此时，两个感觉正态分布之间的距离就成了客观感受性的指标。而另一方面，人在判断和辨别两个物理刺激是信号还是噪音的时候，只能根据物理刺激所引起的感觉强度来判断。此时人们会在内心设置一个判断标准 C，如果输入的物理刺激所引起的感觉强度超过了该标准，那么判断为信号；如果感觉强度低于该标准，那么判断为噪音。而该判断标准是可以随情境的改变而变化的，可高可低。

通过对信号检测论实验中击中率，漏报率，虚报率和正确否定的概率的计算，可以进一步分析出信号和噪音两个感觉分布之间的距离以及判断标准的高低。由此信号检测论方法就能够有效区分出客观的感受性和主观的判断标准。

一般来说，人的分辨能力在短时间内不会发生变化，是恒定的；但人的判断标准却随时可以发生变化。影响判断标准发生变化的原因主要有：信号出现的先验概率、对被试回答的奖惩办法等。比如当信号出现的概率低时，被试不轻易回答说有信号，被试的判断标准比较高；当信号出现的概率高时，被试倾向多报告有信号，表明被试的判断标准比较低。被试的判断标准是由于被试不同的预期产生的。而被试在这个过程中的辨别力不变。对被试回答的奖惩办法也影响被试的判断标准。如果鼓励被试回答有信号，而对报告无信号进行惩罚，那么被试的标准就会较高。而如果鼓励被试报告无信号，那么被试的标准就会较低。

以下介绍信号检测论的三种实验方法：有无法、评价法和迫选法。

实验一　有无法实验

1. 实验目的

掌握有无法的实验过程，了解用有无法测量被试对音高的辨别力和判断标准。

2. 实验方法

实验材料和仪器：
计算机呈现两种不同频率的声音，1000赫兹和1200赫兹。

实验程序：
以1000赫兹作为噪音（N）、1200赫兹作为信号（SN）。设计5种不同的先验概率（信噪比分别为9∶1、7∶3、5∶5、3∶7和1∶9）。每种先验概率下设计200次实验，100次为信号，100次为噪音。然后以随机方式呈现SN和N，要求被试回答，刚才的刺激是SN还是N。

3. 结果分析

根据被试回答的结果计算击中率P（y/SN）和虚报率P（y/N），由此计算d'和β。还可以通过改变信号出现的先验概率影响被试的判断标准，绘制出ROC曲线。

参考文献

朱滢.（2000）.实验心理学.北京：北京大学出版社.

实验二 评价法实验

1. 实验背景

有无法实验只要求被试回答是信号还是噪音。而评价法不同，被试除了要报告是否有信号，还需要回答有或者无信号的程度，即有多大把握肯定是或肯定不是信号。因此评价法是有无法实验的进一步扩展。

2. 实验目的

掌握评价法的实验过程，学习绘制 ROC 曲线。

3. 实验方法

实验材料和仪器：

实验材料为 40 张练习图片，160 张正式图片材料。

实验程序：

首先屏幕中间会呈现一系列图片（80 张），要求被试尽量记住这些图片；然后再呈现两倍数量（160 张）的图片，一半是已经呈现过的（信号），一半是没有呈现过的（噪音），被试需要判断呈现的图片是否呈现过，并对判断的肯定程度做出等级评价，包括 6 个等级，分别为 0% 有信号出现，20% 有信号出现，40% 有信号出现，60% 有信号出现，80% 有信号出现和 100% 有信号出现。

4. 结果分析

计算出五种判断标准的 d' 和 β 值，并分别用击中率/虚报率和标准分数绘制 ROC 曲线。

参考文献

杨博民．(1989)．心理实验纲要．北京：北京大学出版社．

朱滢．(2000)．实验心理学．北京：北京大学出版社．

实验三　迫选法

1. 实验背景

迫选法是指每次呈现多个刺激，其中只有一个是信号，被试只需要根据他对刺激之间的差异的感觉回答哪个是信号。

2. 实验目的

掌握迫选法的实验过程。

3. 实验方法

实验材料和仪器：

实验材料由三组汉字实验材料组成，每组材料的数目分为两个汉字、四个汉字、六个汉字。每组材料中有一个汉字为信号。

实验程序：

每次实验开始时，屏幕中央依次呈现一系列文字材料，要求被试尽量记住材料；呈现完毕后，电脑将分组呈现系列文字，可能是两个汉字、四个汉字或六个汉字，其中有一个汉字是前面呈现过的，需要被试判断哪一个呈现过。

4. 结果分析

分别统计两个汉字、四个汉字、六个汉字三种条件下的正确判断次数。计算三种实验条件下被试再认汉字的能力：$P(C) = C/N$，C 为被试正确判断的次数，N 为被试判断的总次数。

参考文献

杨博民．(1989)．心理实验纲要．北京：北京大学出版社．

第三节 心理量表的制作

物理刺激可以用物理量来表示，例如用"米"来量长度，用"公斤"来称重量等。但是，某些刺激的物理值的等量增减并不引起感觉上等量的变化。例如"响度"，如果我们要回答"一个声音比另一个声音响多少？"，单有物理量表是不够的。此时，为了了解物理刺激的变化和感觉的变化之间的关系，我们需要一个测量心理感觉量变化的方法，而这种方法就是能够度量阈上感觉的心理量表（psychological scales）。根据量表有无相等单位和有无绝对零点对其进行分类，我们可以将心理量表分为三类：顺序量表、等距量表和比例量表。顺序量表是一种较粗略的量表，它既无相等单位又无绝对零点，只是把事物按某种标准排出一个次序。只是在一个分类基础上对事物进行分类，每一类别只具有序列性，并不表示数与数之间的差别是相等的。等距量表有相等单位，但没有绝对零点，可以对数据进行加减的运算。而比例量表的水平最高，既有相等的单位，也有绝对的零点，其数据可以做任何运算。

实验一 对偶比较法制作颜色爱好量表

1. 实验背景

制作心理顺序量表有对偶比较法和等级排列法两种方法，其中，对偶比较法是制作心理顺序量表的一种间接方法。对偶比较法要求把所有要比较的刺激配成对，然后一对一对地呈现，让被试者对于刺激的某一特性进行比较，并做出判断：这种特性的两个刺激中哪一个更为明显。因为每一刺激都要分别和其他刺激进行比较，假如刺激的总数是 n，那么配对的个数就是 $n(n-1)/2$。如果有 10 个刺激就可以配成 45 对。最后依据它们各自优于其他刺激的百分比的大小排成顺序，即可制成一个顺序量表（杨博民，1989，p. 65–82）。

2. 实验目的

学习对偶比较法概念，制作颜色爱好的顺序量表。

3. 实验方法

实验材料和仪器：

计算机产生不同色调的七种颜色。它们是：红、橙、黄、绿、青、蓝和紫。每种颜色以圆形色块呈现，7种色块两两组合，共21种组合，为了排除空间误差，将所有组合色块位置交换再次呈现，所以一共有42次图像呈现。

实验设计：

单因素重复测量实验设计，自变量为颜色，共7种。因变量为选择偏好颜色的次数。

实验程序：

每次呈现两种不同色调的颜色，要求被试选择喜欢的颜色。计算机程序记录被试的选择。两次呈现图像间隔时间为1000毫秒，几何图像的形状为圆形。为抵消顺序误差，在做完21次后，应再测21次，顺序与前21次顺序相反；为抵消空间误差，在后做的21次中左右位置应颠倒。

4. 结果分析

计算每种颜色的选择分数，百分比和Z分数，制作颜色选择的顺序量表。

参考文献

杨博民.（1989）.心理实验纲要.北京：北京大学出版社.

实验二 等级排列法制作心理顺序量表

1. 实验背景

等级排列法（rank-order method）是一种制作顺序量表的直接方法，这个方法把许多刺激直接呈现，让许多被试按照一定标准，把这些刺激排一个顺序，然后把许多人对同一刺激评定的等级加以平均，这样就能求出每一刺激的平均等级。最后把各刺激按平均等级排出的顺序就是一个顺序量表（朱滢，2000，p. 121–123）。

2. 实验目的

了解等级排列法和心理顺序量表的概念，并学习使用等级排列法制作心理顺序量表；同时学习和掌握对等级排列法测量结果一致性系数的统计方法分析。

3. 实验方法

实验材料和仪器：

实验材料：7 种颜色的卡片，包括红、橙、黄、绿、青、蓝、紫，图片背面均为灰色。

实验设计：

单因素重复测量实验设计，自变量为颜色，共 7 种。因变量为选择偏好颜色的等级。

实验程序：

实验开始时，被试会看到一组随机呈现的图片，每组图片的图案相同但颜色不同。在排序前，要求先看一遍所有的图片，根据对不同颜色图片的喜好程度，从最喜欢到最不喜欢进行等级排序，1 代表最喜欢，7 代表最不喜欢。用鼠标点击一下某个将要评价的图形，再点击下面相应的等级框，给予颜色等级评价的图形就会出现在下面的等级框中。如果对排好的顺序不满意，可以在等级框中点击一下需要调整的图形，该图形就会回到原来的位置，准备重新对其进行等级评价，调整直到满意为止。

4. 结果分析

计算每种颜色的等级，然后制作颜色的顺序量表。

参考文献

朱滢. (2000). 实验心理学. 北京：北京大学出版社.

实验三　二分法制作响度等距量表

1. 实验背景

感觉等距法（equal sense distance method）是一种制作等距量表的直接方法，它是通过把感觉分成主观上相等的距离来制作。它要求被试将某种感觉上的一段心理量分成主观上相等的两个或两个以上的等份。二分法（Bisection）是其中的一种典型方法。

2. 实验目的

掌握和了解感觉等距法——二分法的程序，学习等距量表的制作过程。

3. 实验方法

实验材料和仪器：

R1 和 R5 是两个不同响度的声音，分别为 10 分贝和 80 分贝。三种不同的声音频率，100 赫兹，1000 赫兹和 3000 赫兹。

实验程序：

被试调整声音刺激的强度，首先找出 R3，使其响度正好在 R1 和 R5 之间。再找出 R4，使其响度在 R3 和 R5 之间，再找出 R2，使其响度正好在 R1 和 R3 之间。这样利用三次二分法，把 R1 和 R5 之间在响度上分成 4 份。这样就得到了按等距变化的一系列声音刺激强度。

4. 结果分析

把这一系列的刺激强度作为横坐标，把等响单位作为纵坐标画出一条曲线，这就是响度的等距量表。分析三种不同频率的声音响度的等距量表有何差异。

参考文献

郭秀艳．（2004）．实验心理学．北京：人民教育出版社．

实验四 数量估计法制作响度比例量表

1. 实验背景

数量估计法（method of magnitude estimation）是制作比例量表的一种直接方法。具体步骤是：主试先呈现一个标准刺激，并赋予标准刺激一个主观值，比如 10；然后让被试以这个主观值为标准，把其他不同强度的比较刺激和它比较，用数字给出相应的主观值。然后计算出每组被试对每个刺激量估计的几何平均数或中数。以刺激值为横坐标，感觉值为纵坐标，即可做成比例量表。根据数量估计法制作出的比例量表是支持 Stevens 的幂定律的（朱滢，2000，p.109–113）。

2. 实验目的

掌握数量估计法制作响度比例量表的过程，了解 Stevens 定律。

3. 实验方法

实验材料和仪器：
音频信号发生器，标准刺激为 1000 赫兹的 50 分贝的声音。

实验程序：
一共有 7 种不同强度的声音作为比较刺激。向被试依次呈现标准刺激和一个比较刺激，对标准刺激和比较刺激呈现的顺序做平衡处理。告诉被试标准刺激 1000 赫兹 50 分贝的声音响度以数字 10 来表示，请被试用一个数字表示他认为的比较刺激的响度。然后计算出每组被试对每个刺激量估计的几何平均数或中数。

4. 结果分析

以声音强度刺激值为横坐标，感觉响度值为纵坐标，即可做成比例量表。分析该数量估计法制作出的比例量表是否支持 Stevens 的幂定律。

参考文献

朱滢. (2000). 实验心理学. 北京：北京大学出版社.

第二章 反应时实验

反应时是心理学实验中最常用的因变量指标之一，因为任何的心理活动都需要一定的时间，几乎所有的心理学实验，也都可以用到反应时的方法。反应时实验是随着心理学的发展而发展起来的，行为主义心理学的研究者主张研究对象是刺激—反应，但是忽视了内部的心理过程。然而随着认知心理学的发展，反应时实验开始被作为中枢加工过程的研究手段而加以广泛应用。

第一节 减法反应时方法

实验一 减法反应时方法——ABC三类反应时

1. 实验背景

荷兰生理学家 Donders 受天文学家人差方程式研究及 Helmholtz 测定神经的传导速度研究的影响，于1868年发表的《关于心理过程的速度》一文中，提出了测定心理过程时间的方法，即减法反应时方法。

A、B和C三类反应时

A 反应时：一个反应对应一个刺激，当一个刺激呈现时，就立即对它做出反应，这种反应时称为简单反应时。

B 反应时：多个反应，各自对应于事先所规定的那个刺激进行反应。此时所得到的反应时间包括简单反应时间、辨别刺激的时间和选择的时间。

C反应时：一个反应，仅对应于多个刺激中那个事先规定好的刺激反应，而对其他刺激不反应。所得的时间包括简单反应时和辨别反应时。

如果用 C-A，那么所得反应时就是单独辨别过程所需的反应时；如果用 B-C，那么所得的反应时就是单独选择所需要的反应时。于是通过对特定不同任务反应时的比较（相减），就可得到某一特定心理过程所需的反应时间。

减法反应时方法最初被用来测定某一心理过程所需的时间，但反过来看，因为心理过程总是需要花费时间的，所以也可以从某两个反应时的差别，推断某一个心理过程的存在。而20世纪中期兴起来的认知心理学正是这样来应用减法反应时方法的，它在认知心理学中的位置非常重要。现在谈论减法反应时方法一般都是从这个角度出发的。安排两种任务，只有一个因素不同，其他方面都一样。如果两种任务的反应时有差别，那么就说明存在与该因素对应的心理过程；否则就不存在（杨博民，1989，p. 353-357）。

2. 实验目的

学习减法反应时实验的方法、原理和逻辑。

3. 实验方法

实验材料和仪器：

实验材料为两种不同颜色的圆形，包括红色和绿色圆形。计算机程序呈现刺激，记录反应时和错误率。

实验程序：

每次实验屏幕中央会出现一个注视点，然后同样位置随机呈现一个红色或绿色的圆形，要求被试每次看到一个圆形出现就按下空格键，当然有时候没有圆形出现（20%次数）。此为 A 类反应时。

每次实验屏幕中央会出现一个注视点，然后同样位置随机呈现一个红色或绿色的圆形，要求被试每次看到红色圆形出现就按下 F 键，绿色圆形按 J 键。此为 B 类反应时。

每次实验屏幕中央会出现一个注视点，然后同样位置随机呈现一个红色或绿色的圆形，要求被试每次看到红色圆形出现就按下空格键，绿色圆形则不按键。此为 C 类反应时。

4. 结果分析

A 类反应时反应的是基线时间，C 类反应的反应时与 A 类反应的反应时之差为辨别过程需要的反应时。B 类反应的反应时与 C 类反应的反应时之差为选择过程的反应时。

参考文献

杨博民．(1989)．心理实验纲要．北京：北京大学出版社．

实验二 减法反应时方法——短时记忆编码

1. 实验背景

20 世纪 70 年代之前，人们通常认为短时记忆的信息是以听觉形式编码的，但是 Posner 在 1970 年的字母匹配实验却表明，短时记忆也会通过视觉的形式进行编码。而 Posner 正是采用了减法反应时方法的逻辑，验证视觉编码也存在于短时记忆中。实验采用大小写字母对判断的方法。当两个字母相继呈现时，Aa 对的反应时大于 AA 对。根据减法反应时的逻辑，这个时差反映了对 Aa 对加工中包含了对 AA 对的加工过程中没出现的过程。区别在于前者（Aa）两个字母的写法不同而后者（AA）相同。AA 对字母可以直接根据写法来比较，而 Aa 只能按读音来比较。这也就说明了 AA 对匹配是在视觉编码的基础上进行的而 Aa 的匹配要从视觉编码过渡到听觉编码，所以用时更多。

2. 实验目的

学习短时记忆编码范式，了解利用减法反应时方法探索短时记忆进行编码的方式——视觉编码和听觉编码。

3. 实验方法

实验材料和仪器：

实验材料为大写和小写的字母，每两个字母组合在一起，包括写法和发音均相同；写法不同、发音相同；写法、发音均不同。两个字母之间的间隔包括 0 ms、500 ms、1000 ms、2000 ms 四种。

实验设计：

两因素被试内设计，3（字母组合方式：音形相同、音同形不同和音形都不同）*4（时间间隔：0 ms、500 ms、1000 ms、2000 ms）。因变量为判断反应时和正确率。

实验程序：

实验开始时，相继或同时呈现两个字母，要求被试判断这两个字母是否相同。整个实验分为 4 个区组，分别对应 4 种时间间隔。每个区组包含 40 组呈现，包括音形相同、音形不同和音同形不同 3 种情况。

4. 结果分析

记录被试进行判断的反应时和正确率，对反应时进行 3*4 两因素重复测量方差分析，看实验结果是否支持短时记忆中存在视觉编码。

参考文献

朱滢.（2000）. 实验心理学. 北京：北京大学出版社.

实验三 减法反应时方法——表象的心理旋转

1. 实验背景

表象是类似于知觉的信息表征。20 世纪 70 年代以来，关于表象的研究迅速发展，其中重要的一项是表象旋转的研究。Cooper 等人 1973 年用不同倾斜角度的正的和反的（即镜像）字母来研究表象的旋转。实验要求被试在看到呈现的字母后，不管其具体方位和倾斜角度如何，尽快判断该字符是正的还是反的，并按键做出反应。Cooper 等人的实验结果表明：旋转 180°时，反应最长（无论正反），而 0°和 360°时，反应时最短。说明样本偏离正位的度数越大，所需的心理旋转越多，用时也就越多。

2. 实验目的

重复 Cooper 等人的 R 字符表象旋转实验，了解表象旋转的特点。

3. 实验方法

实验材料和仪器：

实验材料为不同角度的正像 R 和镜像 R，共有 0°、60°、120°、180°、240°、300°正反共 12 种不同角度和方向的 R。

实验设计：

2*6 两因素组内设计。自变量为 R 的类型（正像和镜像），R 的角度（0°、60°、120°、180°、240°、300°）。因变量为判断的反应时和正确率。

实验程序：

每次实验开始屏幕中央出现一个注视点，持续时间为 500 毫秒；然后同样位置出现一个 R 刺激。不同方位的正和反的 R 字母共 12 种，随机呈现给被试，每种呈现 6 次，共 72 次实验。如果是正像 R，按 F 键，镜像 R 则按 J 键。一半被试按键相反。要求被试要在保证正确的前提下，尽快反应。

4. 结果分析

采用 2*6 的两因素重复测量方差分析。验证 R 的各个角度的反应时是否随着角度呈倒 V 形，180°反应时最慢，两侧随角度偏差减少反应时相应减少，字母没有旋转的 0°反应时最快。

参考文献

郭秀艳.（2004）.实验心理学.北京：人民教育出版社.

王甦，汪安圣.（1992）.认知心理学.北京：北京大学出版社.

第二节 减法反应时方法变式

实验一 加法反应时实验

1. 实验背景

1969 年，Sternberg 在减法反应时方法的基础上发展出相加因素法，是为了考察短时记忆再认过程所包含的信息加工阶段。该实验运用了相加因素法的逻辑：完成一个作业的时间是一系列信息加工阶段的所需时间的总和。如果两个因素的效应是相互制约的，即一个因素的效应会影响到另一个因素的效应，那么这两个因素只作用于同一个信息加工的阶段。如果两个因素的效应是分别独立的或相加的，那么这两个因素就各自作用于某一特定的信息加工阶段。

Sternberg 通过一系列的实验，发现了影响短时记忆再认反应时的 4 个独立因素，因而他确定了与这几个因素相对应的 4 个信息加工阶段：测试项目编码阶段，需要时间为 e ms；顺序比较阶段，每次比较需要时间 c ms，那么比较 N 次就需要时间 cN ms；做出决定和反应阶段，需要时间 d ms；这样短时记忆再认所需的时间为 $RT = e + cN + d$（王甦，汪安圣，1992，p. 3–10）。

2. 实验目的

学习短时记忆再认实验的一般程序，熟悉相加因素法的逻辑。

3. 实验方法

实验材料和仪器：
一共 6 套字母和 6 套数字，识记长度分别为 1～6 个刺激系列。

实验设计：
2*6*2 三因素组内设计。自变量为刺激形式（数字和字母），刺激系列数目（1~6个），反应方式（是反应和否反应）。因变量为被试再认的反应时和正确率。

实验程序：

实验分成两个阶段，学习和再认阶段。学习阶段：在屏幕中央随机呈现字母或数字系列（长度随机为1~6）。再认阶段：2000 ms后呈现另一个字母或数字，让被试判断这个字母或数字在之前有没有呈现过，并记录被试的反应时和正确率。

4. 结果分析

对反应时进行三因素重复测量方差分析，考察反应时是否受到刺激编码类型和记忆刺激系列数目大小的影响，更重要的是，两者是否有交互效应，即两个因素是独立影响的还是相互制约的。由此来判断刺激编码类型和刺激系列数目两个因素所对应的信息加工阶段是否为独立的两个阶段。

因为根据相加因素法的逻辑：如果两个因素的效应是相互制约的，即一个因素的效应可以改变另一因素的效应，那么这两个因素只作用于同一个信息加工阶段；而如果两个因素的效应是分别独立的，即可以相加，那么这两个因素各自作用于不同的加工阶段。因此，相加因素法的假设就是如果两个因素有交互作用，那么它们作用于同一个加工阶段，如果两个因素不存在交互作用，相互独立的两个因素则作用于不同的加工阶段。

参考文献

王甦，汪安圣.（1992）.认知心理学.北京：北京大学出版社.

实验二 开窗实验法

1. 实验背景

减法反应时法和相加因素法都难以直接考察某个特定加工阶段所需的时间，而是通过间接的任务比较，并且还要通过严密的推理才能被确认。如果能够比较直接地测量每个加工阶段的时间，而且也能比较明显地看出这些加工阶段，那就好像打开窗户一览无遗了。这种实验技术称为开窗实验，它是反应时实验的一种新形式。开窗实验是由 Hockey 在 1981 年发展出的方法，并以字母转换实验为例介绍反应时的开窗实验。由于开窗实验在反应时研究历史上是发展较晚的一种方法，因此很多时候都把这种实验作为相加因素法的一种变式（王甦，汪安圣，1992，p. 3-10）。

2. 实验目的

学习反应时的开窗实验方法。

3. 实验方法

实验材料和仪器：

"字母 + 数字"的图片，如"P + 2"或"EAGB + 3"。

实验程序：

给被试呈现 1 个、2 个、3 个、4 个英文字母，并在字母后面标上一个数字，被试的任务则是回答看到的字母后面的第几个字母，如"P+2"则回答 P 后面第 2 个字母。或"EAGB+3"，则回答每个字母的后 3 个字母是什么。四个转换结果要一起说出来，字母由被试自行控制，一个一个出现。被试首次按键就可以看见第一个字母，计时也同时开始，并要求做出声转换，之后再按键看第二个字母，再作转换，如此直到字母全部呈现并做出回答，停止计时，出声转换的开始和结束时间都有记录。

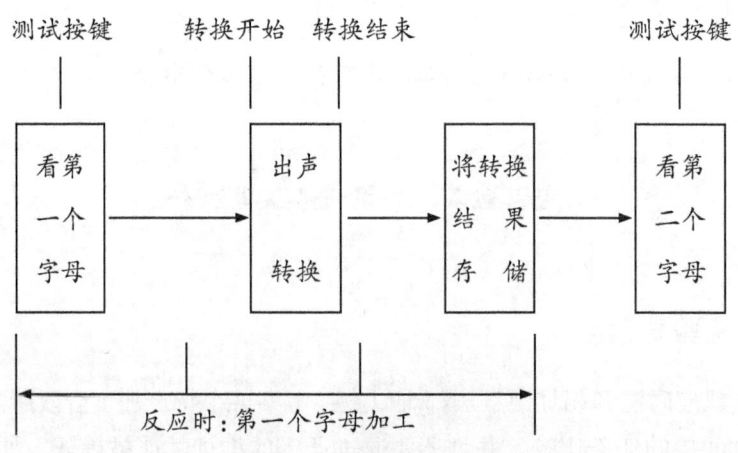

图 1-1　实验流程示意图

4. 结果分析

对被试的反应时数据分析，判断完成字母转换作业的三个加工阶段：编码阶段、转换阶段和储存阶段。在编码阶段，即从被试按键看到一个字母开始出声转换所用的时间，在这一阶段中，被试对所看到的字母进行编码并在记忆中找到该字母在字母表中的位置；在转换阶段，也就是转换所用的时间；在储存阶段，即从前一个字母转换结束到按键看下一个字母的时间，在此阶段，被试将转换结果贮存于记忆中，并从第二个字母开始需将前面的转换结果贮存于记忆中，并从第二个字母开始还需将前面的转换结果加以整理并复述。

参考文献

王甦，汪安圣.（1992）.认知心理学.北京：北京大学出版社.

实验三 序列反应时实验

1. 实验背景

序列反应时范式是尼森和彼尔姆在 1987 年提出的，该范式以反应时为指标，整个实验过程与选择反应时实验类似：处于不同空间位置的视觉刺激分别对应不同的反应键，每次呈现一个视觉刺激，让被试按照相应的按键尽快反应，刺激随即消失，短暂的时间间隔后出现下一个视觉刺激。序列反应时的特点在于整个实验中刺激呈现的序列是有规律的，序列反应时任务是序列学习范式中的经典任务之一。它以反应时作为指标，以序列规则下的操作成绩之差来表示内隐学习的学习量，通过实验研究人们对序列规则的无意识获得现象。序列反应时任务对内隐学习的揭示也符合减法反应时方法的基本逻辑：反应时的差异则对应着心理过程的差异。

2. 实验目的

学习序列反应时任务的过程，了解内隐学习的测量和分析方法。

3. 实验方法

实验材料和仪器：

实验材料是4张图片，每张图片上有一个正方形小方框。方框中心的位置分别在图片中央横轴上从左到右五分之一、五分之二、五分之三和五分之四位置处，分别标记为1，2，3，4。

实验设计：

本实验是2*8混合设计实验，其中实验情境（序列规则、随机规则）为组间变量；Block（1-8）为组内变量。因变量为反应时。序列规则下的操作成绩和随机规则下的操作成绩的差异表示内隐学习的学习量。

实验程序：

每次实验中，计算机屏幕呈现一张图片，要求被试按相应的键反应。1234 四种不同位置的图片对应FGHJ四个反应键。要求被试保证正确的情况下尽快反应。

实验中把被试随机分为两组，分别完成序列任务和随机任务。在序列任务中，共8个Block，每个Block包含100个trial，这100trial中，每10个为一组。按着4231324321的图片顺序呈现，每个Block把这个序列重复10遍。而在随机任务中，Blcok和trial的设置一样，但是图片的呈现顺序是随机的。相邻的两张图片不能重复。

4. 结果分析

对序列任务和随机任务的反应时做分析和比较，考察是否出现了内隐学习。一般实验结果会显示，尽管被试没有意识到序列规则的存在，其反应时还是会随着固定序列的重复而逐渐下降，但这并不一定代表被试对序列规则发生了学习，因为动作反应的练习效应也是可能的解释。研究者必须比较被试对固定序列和对随机序列的反应时。当后者的反应时要显著大于对前者的反应时，才说明序列学习发生了。

参考文献

Nissen, M. J., & Bullemer, P. (1987). Attentional requirements of learning: Evidence from performance measures. *Cognitive Psychology*, 19 (1), 1-32.

Robertson, E. M. (2007). The Serial Reaction Time Task: Implicit Motor Skill Learning? *Journal of Neuroscience*, 27 (38), 10073-10075.

第三节 社会认知反应时方法

我们经常使用反应时方法来测量和分析认知过程，近年来研究者们逐渐开始把兴趣转移到社会认知过程上，并发展了很多相关的反应时方法，尤其是在测量人的内隐态度方面。态度一直以来都是社会心理学研究的核心领域，大多数学者都将其看作是人们对目标对象所做出的评价（evaluation）。随着内隐认知研究的兴起，研究者们也开始探讨态度的内隐性。已有的研究使心理学家相信，态度确实存在着两种形式，一种是经过深思熟虑的并且易于报告的评价，这是传统意义上的态度概念；另一种被认为是自动化的、不受控制的而且往往是无意识的评价。后一种态度以及两种态度的区别与联系成为态度研究中的一个热点问题。

实验一 内隐联想测验（Implicit Association Test）

1. 实验背景

1998 年，Greenwald 等人提出了内隐联想测验（Implicit Association Test, IAT），认为这种方法可能更好测量人的内隐态度。它的基本原理是以概念网络模型为基础，认为在人的知识网络中存在着一个社会认知的网络结构，用不同的节点表示各种事物、概念或评价。如果特定的对象和一定的评价相联系，那么激活该对象就会导致活动水平在概念网络上进行扩散，使得有关的评价信息容易被激活。当两个概念相似或者在被试的记忆中有联系的时候，比两个概念不相似或在记忆中没有联系的时候反应快（Greenwald，1998）。

内隐联想测验自提出来之后得到广泛的应用，其方法本身也得到不断的改进。它是通过一种计算机化的分类任务来测量两类词（概念词与属性词）之间的自动化联系的紧密程度，继而对个体的内隐态度等内隐社会认知进行测量的实验范式。

2. 实验目的

学习内隐联想测验的基本程序和分析方法。

3. 实验方法

实验材料和仪器：

目标词和属性词两类词：目标词包括自我相关词（我、自己等）和非自我相关词（他、别人等）；属性词包括积极属性词（聪明、成功等）和消极属性词（失败、无能等）。计算机程序呈现刺激，并记录反应时和正确率。

实验程序：

IAT 包括五个基本阶段。

第一阶段对属性词进行辨别归类并按键反应（如 J 键或 F 键），即把属于"好"的刺激归为一类并按相同的键反应（如 J 键），把属于"坏"的刺激归为一类并按相同的键反应（如 F 键）；

第二阶段对目标概念词进行辨别归类并按键反应（如 J 键或 F 键），即把属于"我"的刺激归为一类并按相同的键反应（如 J 键），把属于"非我"的刺激归为一类并按相同的键反应（如 F 键）；

第三阶段把目标词和属性词混合呈现，按照第一和第二阶段相同的反应方式，把属于"我"和"好"的刺激归为一类并按相同的键反应（J 键），把属于"非我"和"坏"的刺激归为一类并按相同的键反应（F 键）；

第四阶段是第二阶段的反转，要求对属于"我"的刺激按相反的键反应（F 键），把属于"非我"的刺激也按相反的键反应（J 键）；

第五阶段再把目标词和属性词混合呈现，按照第一阶段和第四阶段的反应方式，即把属于"非我"和"好"的刺激归为一类并按相同的键反应（J 键），把属于"我"和"坏"的刺激归为一类并按相同的键反应（F 键）。

每个阶段均设有练习。其中第三和五阶段分别为相容和不相容阶段。正式实验中相容阶段一半出现在不相容阶段之前，一半出现在其之后，以消除可能存在的顺序效应。由于本测验中记录的是反应时，且精确到毫秒，易受个体状态的影响，为得到被试相对稳定的反应，正式测验中相容的和不相容的部分各重复一次，故 IAT 整个测验共有七个阶段。

4. 结果分析

分析不相容阶段和相容阶段的反应时，两种条件之差便为内隐态度的指标。

参考文献

Greenwald, A. G., McGhee, D. E., & Schwartz, J. L. (1998). Measuring individual differences in implicit cognition: the implicit association test. *Journal of personality and social psychology*, 74 (6), 1464-1468.

实验二 GNAT 范式

1. 实验背景

GNAT（Go/No-Go Association Test）是 Nosek 和 Banaji 在 2001 年提出的一种新的内隐社会认知的研究方法。此范式是在 IAT 范式的基础上，为完善 IAT 范式的不足之处而提出来的，是 IAT 范式的变式。IAT 范式存在两大缺陷：首先，忽略了"速度—准确性"权衡原则。根据这个原则，个体在反应速度上的增长势必导致总体反应精确性的降低，而 IAT 范式只使用反应时作为考察指标，就有可能忽略错误率所包括的信息；其次，只能考察被试对两个对象的相对态度，而不能测量被试对某一对象的态度。为了弥补这些不足，Nosek 和 Banaji 提出了 GNAT。该实验范式仍保留 IAT 的两个关键任务，但另外吸收了信号检测论的思想，采用信号检测论中的辨别力指数作为指标。

GNAT 的主要原理有两个。第一个原理为联结原理，GNAT 本身并不是对 IAT 的否定，而是对 IAT 的有益补充。所以 GNAT 的测验原理与 IAT 的测验原理基本相同。利用人们对不同概念的样例作同一反应的难易程度便可以获得个体内隐认知层面这两者的联系强度。在 GNAT 测验中，被试对目标类别和属性类别做出反应，通过比较单一目标类别与属性概念之间的联结程度，从而获得个体对这两者联系强度的内隐认知。与 IAT 相比，GNAT 不要求两个对应类别的事物，可以对单一目标类别的内隐社会认知进行考察。

第二个原理是信号检测论原理，在反应时指标之外增加了感受性指标（d'），关注了反应速度与反应准确性之间的平衡关系。运用信号检测论的原理在于：如果信号中的目标类别和属性类别概念联系紧密，那么相对于联系不太紧密或没有联系的情况，被试更具有敏感性，更容易从噪音中分辨出信号，即 d' 值更大。实验中采用 d' 指标，将正确的"Go"反应称为击中率，将不正确的"Go"反应视为虚报率，将击中率和虚报率转化为 Z 分数后，其差值即为 d' 分数，表明从噪音中区分信号的能力，如果 d' 分数低于 0，表明被试不能从噪音中区分出信号。

在实验中包括目标刺激（信号）和分心刺激（噪音）。其中，将类别和积极评价作为信号，而将目标类别和消极评价作为噪音。考察的是目标类别和属性维度概念之间的联结强度，弥补了 IAT 实验设计中需要提供类别维度、不能对某一对象做出评价的限制。被试对代表目标种类和属性种类的刺激反应（Go），而对呈现的其他刺激不反应（No-go）。

2. 实验目的

学习 GNAT 范式的程序和分析方法。

3. 实验方法

实验材料和仪器：

两类词，目标词和属性词。目标词包括自我相关词（我、自己等）和非自我相关词（他、别人等）；属性词包括积极属性词（聪明、成功等）和消极属性词（失败、无能等）。计算机程序呈现刺激，并记录反应时和正确率。

实验设计：

实验采取 2×2 两因素重复测量实验设计，自变量一为目标词（我和非我），自变量二为属性词（积极和消极）。因变量为被试按照实验任务要求按键的反应时。

实验程序：

第一个阶段为预试阶段。在这个阶段，被试对出现的目标类别（如自我，他人），或者属性类别（积极，消极），这样的单一类别做出反应，使被试熟悉实验的操作过程。

第二个阶段为正式实验阶段。这个阶段主要包括四种配对条件：①以自我词和积极词为目标词,要求只对自我词和积极词做出按空格键的反应,而对他人词和消极词不做任何反应;②以自我词和消极词为目标词;③以他人词和积极词为目标词;④以他人词和消极词为目标词。

4. 结果分析

计算 d′:①计算各个目标词的击中率(正确 Go 的反应)、虚报率(不正确的 Go 反应)并且转换成 Z 分数。②两个 Z 分数相减得出 d′。比较不同目标词的差异。

GNAT 通过考察目标类别和属性维度概念之间的联结强度,既能在实验设计中提供类别维度,又能对某一对象做出评价的限制,GNAT 可以对比多个对象,或者单个对象,而不会像 IAT 一样必须要两个对应的事物,而且比较出来的结果也只是这两个对象之间的一个相对的关系。在社会生活中,对某些概念的评价的产生是与另一个种类相关的。但是有些研究对象的类别是单个的,IAT 不能够进行考察,而 GNAT 却能对这些单个类别进行测量。

参考文献

Nosek, B. A., & Banaji, M. R. (2001). The go/no-go association task. *Social Cognition*, *19*, 625–666.

第二篇
基本认知过程

第一章 感觉实验

感觉是人脑对直接作用于感觉器官的物理刺激的直观反映，是人类认识世界的最原始和初级的方式。根据接受刺激的感觉通道的不同可将感觉分为视觉、听觉、嗅觉、味觉和触觉等。其中视觉占据了 70%左右的信息输入，听觉占据了 20%左右的信息输入。因此对于感觉我们重点介绍视觉和听觉部分的实验。

第一节 视觉实验

实验一 光谱感受性的测定

1. 实验背景

人类的视觉系统的一个基本功能是对光有感受性，视网膜上视锥细胞和视杆细胞的光感受性不一样，而不同波长的光感受性也可能不一样。对于光谱某个范围内的波长的光，视锥细胞和视杆细胞的敏感性会有差异。我们通过实验的方法来对光谱感受性进行测定，来了解光的物理刺激——波长与视觉阈限之间的联系。

一般而言，人眼对不同波长色光的感受性存在差异，在光亮条件下和黑暗条件下分别在 555 nm 和 507 nm 两处达到峰值，即对这两种色光较为敏感，仅需较小光强度就能够感受到与标准白光相等的亮度或达到视觉阈限。这是因为视网膜上有两种不同的视觉感受器——视锥细胞和视杆细胞，这两种细胞分别在光亮条件下和光线不足条件下发挥主要作用，其中，主导明视觉的视锥细胞对 555 nm 黄绿光最为敏感，而主导暗视觉的视杆细胞对 507 nm 的蓝绿光最为敏感（朱滢，2000，p. 171-175）。

2. 实验目的

掌握视觉光谱感受性测定的方法，了解光谱阈限曲线的绘制与解读。

3. 实验方法

实验材料：

本实验的材料是标准亮度的白色点光源和波长可变、光强度可调的可变点光源。

实验程序：

实验分为两种条件，光亮条件和黑暗条件，前者测视锥细胞，后者测视杆细胞。

实验开始时，在光亮条件下，向被试同时呈现一个标准亮度的白光刺激和一个被试可以自行调节光强度的可变点光源。要求被试调节可变点光源的光强度，使其与标准白光在主观上亮度相等。主试变化可变点光源的波长，重复前面步骤。记录不同波长光线情况下被试调节的光强度。

在黑暗条件下，要求被试调节不同波长的可变点光源的光强度到刚刚能够察觉到光亮的程度，即视觉阈限水平。主试变化可变点光源的波长，重复前面步骤。记录不同波长光线情况下的阈限水平的光强度。

4. 结果分析

以波长为横轴，以视觉阈限时光强度的对数值为纵轴做出光亮条件下与黑暗条件下的光谱阈限曲线（或以波长为横轴，以视觉阈限时光强度的对数值的倒数为纵轴做出两种情况下的光谱感受性曲线）。找出曲线的峰值，峰值则是光亮条件和黑暗条件下达到同样视觉亮度所需要最小光强度的光波波长值。

参考文献

赫葆源，马谋超，陈永明等. (1979). 中国人眼光谱相对视亮度函数的研究. 心理学报，1, 39-46.

朱滢. (2000). 实验心理学. 北京：北京大学出版社.

实验二 视觉暗适应的测定

1. 实验背景

明适应是指人类从暗处到亮处,视觉感受性发生变化或者降低的过程;而暗适应是指从亮处到暗处,视觉感受性发生变化或升高的过程。在人的视网膜上,有锥体细胞和杆体细胞两种视觉细胞参与了暗适应过程,其作用的大小及起作用的阶段有所不同。

一般在暗适应的最初 7~10 分钟内,暗适应是由锥体细胞和杆体细胞共同完成的。而以后的暗适应过程,主要由杆体细胞的继续作用来完成。整个暗适应的过程大约持续 30~40 分钟,30~40 分钟后感受性就不再提高了。因此,暗适应实验会有两条明显区分的曲线(朱滢,2000,p. 176–178)。

1. 实验目的

测定视觉细胞的暗适应过程,学习和掌握视觉细胞的暗适应过程的变化规律。

2. 实验方法

实验仪器和材料:

实验仪器为暗适应仪。暗适应仪的构造:电源开关、明灯刺激键(用于呈现明灯刺激)、暗适应反应键(用于暗适应过程中被试做出反应)、视标键(用于改变暗适应过程中的视标)、被试反应键(被试看到视标后报告"看到"的反应)、暗适应换档键(改变暗适应窗口内光线的强度,0 档—6 档光强度逐渐减弱)、时间记录屏幕(记录被试报告看到视标时,暗适应过程的累加时间)。

实验程序:

实验开始时关闭实验室的所有光源,调试好暗适应仪。整个实验过程应在没有光线的黑暗环境中进行。让被试坐在暗适应仪窗口的一面,罩上头部,防止外界光线影响暗适应过程。

主试按下"明灯"按钮,被试注视窗口内的明灯环境,同时,计时器开始自动计时，明灯刺激持续5分钟，到5分钟时关掉明灯，同时把暗适应按钮打到第一档（标为0档），并告诉被试，如若看到窗口内视标，按反应键报告，并说明视标形状。如反应正确，记录下持续的时间，接着马上把暗适应键打到第二档；如果被试反应错误，则仍用该档继续实验，直到被试正确判断为止。在测试被试暗适应的过程中，应不断变化视标（"+"或"="），防止被试猜测。如果暗适应时间累计超过40 min，则停止实验。

4. 结果分析

将累加时间转换为每档实际暗适应时间。由于明适应和暗适应的能力因人而异，可以做出每个被试的暗适应过程曲线。在明适应和暗适应的过程中，两种视觉细胞产生了重要的作用。

参考文献

朱滢．（2000）．实验心理学．北京：北京大学出版社．

实验三　颜色混合实验

1. 实验背景

红色光与绿色光混合会呈现为黄色，红色光与蓝色光混合则呈现为紫色等等，利用这样的规律，我们可以用红、绿、蓝三种颜色的色光搭配出世界上所有颜色的光，这三种色光被称为三原色。除了色光混合，颜料混合也是一种生活中重要的颜色混合现象，颜料的三原色是品红、黄、青三种颜色。研究色光混合的科学家们提出了三条规律，分别是：补色律，两色混合产生白色或灰色，则两色互补；中间律，非互补两色混合，产生颜色介于二者之间，且偏向于较多的一色；替代律，任一混合色都可由其他颜色混合而成（朱滢，2000，p. 188-189）。

2. 实验目的

简单掌握颜色混合的规律与配色公式并掌握混色轮的使用方法。

3. 实验方法

实验仪器与材料：

实验仪器为混色轮。材料为可替换的，具有不同颜色的颜色环。

实验程序：

被试端坐于座位上，将混色轮固定在被试眼睛前方，接通电源，准备开始实验。为验证补色律：将直径较大的黑色和白色的颜色环固定在混色轮上，再将一对直径较小的互补颜色环（黄+蓝、绿+紫）固定在混色轮中央。启动混色轮的开关，混色轮开始旋转，被试观察轮盘面，若轮盘中央与周边显示的灰色深浅不一致，则调整黑白颜色环或互补颜色环，直至旋转轮盘上的灰色一致。之后按照装在混色轮上的颜色环填写配色公式。

为验证中间律：取非互补颜色环（红+黄、绿+蓝、红+蓝）固定在混色轮上，旋转并观察不同比例时饱和度的差异。之后按照颜色环填写配色公式。

为验证替代律：将红绿混合得到的黄色，替代黄蓝混合中的黄色，观察其与补色律的实验结果是否相同，并填写配色公式。将红绿混合得到的黄色，替代红黄混合中的黄色，观察与中间律的实验结果是否相同，并填写配色公式。

4. 结果分析

混色轮可以将圆环上不同比例的颜色通过旋转在视觉上混合起来，是颜色视觉研究中常用的实验器具。通过上述实验，可以验证颜色混合的三条规律，其实这样的混合不仅发生在实验室中，我们在平常生活中所见到的大部分颜色，都是经过复杂的混合得到的。

参考文献

沈模卫，陈硕，周星，王祺群. (2004). 颜色恒常知觉的影响因素探索及其非线性建模. 心理学报，36（4），400-409.

朱滢. (2000). 实验心理学. 北京：北京大学出版社.

实验四 彩色视野范围的测定

1. 实验背景

由于分辨颜色的锥体细胞主要集中在视网膜的中央区，而不能分辨颜色的棒体细胞则主要集中在视网膜的边缘区，因此，视网膜不同部位对彩色的感受性是不同的。在其他条件恒定的条件下，视网膜感受不同颜色的视野范围也是有所不同的。一般蓝色和黄色的视野范围较宽，其次是红色，绿色的视野范围较窄。

彩色视野范围除受颜色影响外，刺激的明度、刺激的大小、刺激的背景颜色及亮度、眼睛的适应条件等因素也影响视野范围的大小。测定彩色视野范围的仪器叫视野计。目前在医学中使用的视野计是与计算机连机的视野计，即将计算机与电子化的精密的视野计连机测量和处理数据，视野范围图的绘制和诊断完全自动化。

2. 实验目的

本实验使用视野计测定各种颜色（红、白、绿、蓝）的彩色视野范围，学习弧形彩色视野计的使用方法。

3. 实验方法

实验仪器与材料：

视野计、单眼眼罩、记录纸等作为实验仪器。实验材料用红、白、绿、蓝色测量彩色视野范围。

实验程序：

在使用弧形彩色视野计时，应避免其他光线对背景光亮度及色标的影响，在暗室中进行。正式实验开始时把右眼记录纸安放在视野计的背面安放记录纸的位置，并学习在记录纸上作记录的方法（记录时与被试反应的左右方位相反，上下方位颠倒）。

被试坐在视野计前，按上述准备过程一切准备就绪，然后让被试用眼罩先把左眼遮上，下颌放在托额架上，用右眼注视正前方的"X"字，不要转动眼睛，同时用余光注意仪器的半圆弧上的色标。如果看到圆弧上的色标消失了或者颜色改变，或者是色标从看不见到能够看见，立即报告，同时报告色标消失前颜色有何变化。

将视野计放到 180-360 度的位置，将红色色标调至半圆弧上靠近"X"的位置，并将它由内向外慢慢移动（分别向左右移动），直到被试刚好报告看不到为止，把这个红色色标消失的位置记录下来，再把红色色标由最外向内移动，到刚好看到色标为止，并记录下来。然后继续向内移动，经过中间的"X"后向另一方向移动，到看不见或颜色发生变化为止，记录色标消失的位置，再继续向外移动，到看到为止，并记录该位置。依次把视野计转到 45-225、90-270、135-315 度的位置，按上述程序分别测定左眼的视野范围。将色标转换为白、绿、蓝色色标，按上述程序进行实验，每个角度范围做完休息 2 分钟。

4. 结果分析

分别在左右视野记录纸上将同色调的各点顺次连接起来，并将其视野范围涂上相应颜色。同时比较左右眼视野范围的异同。

参考文献

杨博民，（1989）. 心理实验纲要. 北京：北京大学出版社.

第二节 听觉实验

实验一 听觉响度绝对阈限的测定

1. 实验背景

声音的响度是由声波的振动强度决定的，但同时声音的响度还受频率的影响。不同频率的声音，当振动强度相同时声音的响度听起来并不相同。所以不同频率的声音其响度绝对阈限值也是不同的。研究表明，一般随着声音频率的提高，听觉响度绝对阈限会降低，个体对声音的感受性提高。

2. 实验目的

通过测定不同频率下的听觉响度绝对阈限，学习听力计的使用，证实纯音的听觉绝对阈限与声音频率的关系。

3. 实验方法

实验仪器和材料：
本实验的仪器为音频信号发生器，诊断听力计，隔音耳机。

实验程序：
准备工作。首先安装调试听力计。将电源、耳机和反应键接好，打开电源，检查听力计是否能正常工作。听觉实验应在环境背景噪音小于 30 dB 的环境下进行，否则，受试者会受环境噪音的干扰，产生听觉阈限值的漂移（阈限值提高，感受性降低）。此外，为了保证测试结果的可靠性，受试者在近 1～2 天内应避免暴露于强噪音的环境中。

预备实验。优势耳的确定。被试在实验前分别对左右耳的听觉绝对阈限进行试测。具体方法是：选择 1000 Hz 频率的纯音按↑↓↓↑或↓↑↑↓的呈现方式分别对左右耳试测 4 次，分别求出左右 4 次的平均值，并选择阈限值较低的一侧作为优势耳进行实验。

正式实验。采用最小变化法进行测试。实验时，每个被试每个频率的纯音测试 8 次，顺序为↑↓↓↑↓↑↑↓或↓↑↑↓↑↓↓↑，频率从 125 Hz 到 8000 Hz，每个被试共做 10 个频率，总共 80 次实验。实验选择"断续"的纯音信号。

4. 结果分析

计算不同频率下听觉响度的绝对阈限值，分析响度的绝对阈限是否随着频率的变化而发生改变。

参考文献

朱滢.（2000）. 实验心理学. 北京：北京大学出版社.

实验二 听觉疲劳与听觉适应过程

1. 实验背景

听觉适应也叫听觉疲劳的适应,是长时间内持续在较高强度的环境下而导致的对声音的感受性下降或听觉绝对阈限增高的现象。研究听觉适应的方法通常是比较适应前后的听觉绝对阈限值的变化,以及这种变化持续的时间,以确定听觉疲劳的产生与恢复的过程。在听觉适应过程中,影响听觉绝对阈限变化的因素主要有声音的频率、响度、刺激持续的时间以及个体的身心状态等,听觉疲劳程度及持续时间的长短也随着上述因素的加强而有所增加。

2. 实验目的

了解和掌握听觉适应现象及听觉适应过程。检验刺激强度及持续时间对听觉疲劳及疲劳的恢复过程的影响。

3. 实验方法

实验材料与仪器:

实验材料为不同频率的纯音刺激。实验中要用到的仪器有音频信号发生器,诊断听力计,隔音耳机。

实验程序:

选择测定听觉适应过程的频率为 1000 Hz。声音级采用 50 分贝和 80 分贝。呈现时间 5 分钟和 10 分钟。首先呈现 1000 Hz/50 dB 的纯音刺激 5 分钟。5 分钟后,再以 1000 Hz 的纯音测被试的听觉阈限及听觉恢复过程(见实验一),半分钟测一次,直至听觉绝对阈限恢复为止。接着给被试呈现 1000 Hz/50 dB 的连续的纯音 10 分钟,测被试的听觉阈限及听觉恢复过程。按同样的方法测定 1000 Hz/80 dB 纯音 5 分钟和 10 分钟,记录听觉疲劳及听觉绝对阈限的恢复过程。

4. 结果分析

分别计算出各种条件下被试随时间延续听觉绝对阈限恢复的程度。计算方法如下：适应后阈限相对值＝（适应后绝对阈限值/适应前绝对阈限值）*100%。分析声音强度、持续时间对听觉疲劳恢复过程的影响。

参考文献

朱滢.（2000）.实验心理学.北京：北京大学出版社.

第二章 知觉实验

知觉是人脑对直接作用于感官的客观事物的各部分属性的整体综合的反映，或者说是对感觉信息的整合和解释，是对感觉信息赋予意义的过程。典型的知觉过程是客体或模式识别，将输入进来的感觉信息进行整合，然后和记忆存储中的表征进行比较和匹配，得到最佳匹配的就得到识别；如果没有得到匹配，那么将该新信息存入记忆中。除了客体知觉，还有空间知觉、时间知觉和运动知觉。

第一节 客体知觉

客体知觉主要指的是人类如何对外部的客体实现识别。客体知觉中最典型的就是模式识别。模式（pattern）是指若干元素或成分按一定的关系形成某种刺激结构，或者说是刺激的组合。而模式识别（pattern recognition）指的是当人能够确认他所知觉的某个模式是什么，将它与其他模式区分开来。具体地讲，人的模式识别常常表现为把所知觉的模式纳入到记忆中相应的范畴，对它加以命名。但有时候也可表现为对刺激产生熟悉感，即知道它是曾经见过的。一般来说，模式识别的过程是将感觉信息与长时记忆的有关信息进行比较，再决定它与哪个长时记忆的项目有着最佳匹配的过程。但这种最佳匹配的过程是如何实现的，一般而言有三种理论模型：模板匹配模型、原型匹配模型和特征分析模型。

模板说的核心思想：①认为在人的长时记忆中存储着许多各式各样过去生活中形成的外部模式的袖珍复本。这些袖珍复本称之为模板（Template）。它们与外部模式有一一对应的关系。②当一个刺激作用于感官的时候，刺激信息得到编码，并与已存储的各种模板进行比较，然后做出决定，看哪一个模板与刺激有着最佳的匹配，于是就把该刺激确认为与那个模板相同。这样模式就得到识别。③由于每一个模板都与一定意义或其他的信息相联系，那么受到识别的模式就得到解释和其他的加工。

原型说的核心思想：①认为记忆里存储的不是与外部模式一一对应的模板，而是原型（protype）。原型不是某一个特定模式的内部复本，它被看作是一类客体的内部表征，即一个类别或范畴的所有个体的概括表征。②模式识别的过程中，外部刺激只需与原型进行比较。而且原型是一种概括性的表征，这种比较不需要严格的准确的匹配，只需要近似的匹配就可以了。当刺激与某一原型有着最近似的匹配，即可将该刺激纳入原型所代表的范畴，从而得到识别。

特征分析说的核心思想：①模式是由若干元素或成分按一定关系构成的。这些元素或成分可以称为特征，而关系有时也可以称为特征。这样特征说认为，模式可以分解为各种特征。而外部刺激在人的长时记忆中，是以各种特征来表征的。②在模式识别的过程中，首先要对刺激的特征进行分析，也即抽取刺激的有关特征，然后将这些抽取的特征加以合并，再与长时记忆中的各种刺激的特征加以比较，一旦获得最佳匹配，那么外部刺激就被识别了。

实验一　特征整合论——特征搜索和客体搜索

1. 实验背景

Treisman（1980）在综合前人观点和研究的基础上提出知觉和注意的特征整合论（feature integration theory），其特点是将注意和知觉内部过程紧密结合起来。核心思想：①认为客体是一些特征的结合。将客体知觉的过程分成早期的前注意阶段和特征整合阶段。②知觉的前注意阶段是对客体的特征进行自动的、平行的分析加工，无须注意。③特征整合阶段通过集中注意的作用，将各种特征整合成客体，加工方式是系列的。该理论提出后得到了很多实验证据的支持。

2. 实验目的

验证特征搜索是快速、平行的，客体搜索是缓慢、系列的。

3. 实验方法

实验材料和仪器：

本次实验采用红色或绿色的字母 T 或 O 作为刺激材料。包含四种任务：两种是搜索特征，两种是搜索结合性靶子。后者又分两种情况：两类干扰项个数相同和两类干扰项个数不同。在两类干扰项个数不同的条件下，不管干扰项的个数为多少，有一类干扰项的个数固定为 3 个（除开 display size = 1 的情况）。画面大小分为 1、5、15、25 四种。本实验在个人电脑上编制实验程序完成。

实验设计：

多因素组内设计。四种实验条件，两种特征搜索和两种客体搜索。每种条件下：自变量 1，刺激多少或画面大小，1、5、15、25。自变量 2，有无靶子，有靶子 vs 无靶子。因变量：按键反应时和错误率。

实验程序：

实验共有四种条件：

（1）搜索一个绿色字母（Green letter）：从所呈现的一组字母中，搜索一个绿色的字母。若有，则按"F"键；若无，则按"J"键。

（2）搜索一个字母 T（Letter T）：从所呈现的一组字母中，搜索一个字母 T，反应方式与（1）同。

（3）搜索一个绿色 T（Green T 1/2）：从所呈现的一组字母中，搜索一个绿色字母 T，反应方式与（1）同。此时两种干扰项（红色 T 和绿色 O）的数目相同。

（4）搜索一个绿色 T（Green T 3）：从所呈现的一组字母中，搜索一个绿色字母 T，反应方式与（1）同。此时两种干扰项（红色 T 和绿色 O）的数目不相同，有一类的个数固定为 3 个。

每次随机呈现一个刺激图形，被试判断有无规定的靶子。若有，则按"F"，若无，则按"J"（学号为偶数相反）。具体程序如下：（1）呈现白色"+"，提示被试注意屏幕中央（300ms）；（2）刺激呈现，被试尽快反应（按"G"或"H"键）；（3）若被试反应错误，则计算机发出蜂鸣声，提示被试在以下的反应中更加集中注意，尽量避免错误；（4）计算机记录反应时和反应的正确与否。

4. 结果分析

统计 4 种条件下的实验结果：

（1）不同画面大小的"有"反应和"无"反应各自的平均反应时和正确率，并作图。

（2）计算出每条曲线的斜率，比较"有"、"无"反应的斜率有无明显差异。依据此差异分析是平行加工还是系列加工。

并且对下述问题展开讨论：

（1）特征搜索任务中，反应时与画面大小的关系如何？"有"反应和"无"反应之间反应时有无差异？

（2）客体搜索任务中，反应时与画面大小的关系如何？"有"反应和"无"反应之间反应时有无差异？

（3）根据（1）、（2）两点的分析，说明这两个实验对揭示特征搜索、客体搜索规律的意义。

（4）结合性靶子的搜索在什么条件下有可能是平行的？

参考文献

Treisman, A., & Glade, G. (1980). A feature-integration theory of attention. *Cognitive Psychology*, 12 (1), 97–136.

实验二 特征整合论——非对称性搜索实验

1. 实验背景

非对称性搜索是指在若干个甲类项目（干扰项）中找到一个乙类项目（靶子），与从同样的若干个乙类项目（干扰项）中找到一个甲类项目（靶子），两者的搜索速度有显著差异，出现非对称现象。也就是说，当甲乙两类项目互易靶子或干扰项的角色时，搜索所需时间不同。在本实验中 Treisman 应用封闭圆和开口圆做靶子分别进行视觉搜索的实验。以封闭圆和开口圆作为靶子，可以研究封闭性和线段终端两类不同性质的特征。开口的大小分成三种，分别占圆周长的 1/2、1/4 和 1/8（王甦，1993，p. 19-22）。

2. 实验目的

了解视觉搜索中的非对称性现象，验证特征整合论。

3. 实验方法

实验材料和仪器：

靶子：开口圆或封闭圆。开口大小：三种，1/2、1/4、1/8（指开口占圆周长的比例）。画面大小：干扰项的数目，1 个、6 个、12 个。计算机编制实验程序在个人电脑上实现。

实验程序：

被试的任务有两种，一种是在屏幕上搜索开口圆（一段圆弧），另一种是搜索封闭圆。如果搜索到了则按下 F，如果没有搜索到，按 J 键。如果按错了，系统则提示立即改正。计算机记录不同条件下被试的反应时和错误率。

4. 结果分析

分析不同条件下搜索两类靶子的反应时和错误率，验证这两类靶子的搜索是否存在非常明显的非对称性。一般而言，被试对开口圆的搜索是快速的，基本不受开口大小和干扰项数目的影响；但是，被试对封闭圆的搜索却较慢。总体上，开口圆的搜索要快于封闭圆的搜索。

Treisma 曾指出，当靶子是一个客体时，呈现的项目数量对察觉靶子所需的时间有很大影响，项目越多，时间就越长。而当靶子是一个特征时，所呈现的项目数量对搜索靶子的影响并不大。所以搜索特征要比搜索客体快。开口圆具有的线段终端可在前注意阶段被觉察，因此开口圆可被快速搜索；而封闭性可看作封闭程度的连续体，可在不同程度上被封闭圆和开口圆共有，当二者差别大时（开口比例为 1/2），封闭圆较易搜索，而开口小时搜索就慢。

参考文献

王甦等.（1993）. 当代心理学研究. 北京：北京大学出版社.

实验三 特征整合论——错觉性结合

1. 实验背景

错觉性结合实验最初也是由 Treisman 设计的,为了验证客体的知觉需要集中注意整合过程。错觉性结合就是指在分散注意的条件下,向被试呈现不同客体(比如黄色的 T 和红色的 A)时,客体的特征会发生相互交换的现象。错觉性结合实验一般采用双任务作业,第一作业是需要被试集中注意的,目的在于吸引被试的注意;而第二作业则是非注意作业,也是实验真正考察的作业。

2. 实验目的

通过字母错觉性实验了解错觉性结合的本质,验证特征整合论,并对它的核心思想有更深的了解和认识。

3. 实验方法

实验材料和仪器:

实验材料以长方形卡片的形式呈现,每张刺激卡片上有 2 个数字和 3 个不同颜色的字母(绿、粉红、蓝)。数字在卡片的横轴两端,而字母在它们中间依次排列。

实验程序:

向被试快速呈现一些刺激,其中第一作业的刺激是 2 个数字,第二作业的刺激是 3 个不同颜色的字母。主试告知被试只需注意两侧的数字,要求被试首先报告所看到的数字,再报告呈现的字母和字母的颜色及位置。

4. 结果分析

对第一作业和第二作业的正确率进行分析。更重要的是,对第二作业的错误类型进行分析和讨论。一般而言,第一作业的正确率会达到 90%以上,而第二作业的正确率显著地低。在第二作业的刺激报告中,被试会主要出现两类错误。第一为特征错误，也就是说犯了特征错误的被试报告了没有出现在刺激卡上的字母和颜色。第二为结合错误，犯了结合错误的被试报告的字母或者颜色虽然是呈现在刺激卡上的颜色，但是报告的位置不正确。这说明了不同位置上的特征交换会出现错觉性结合。在不注意的条件下会导致特征的错觉性结合，觉察特征则是错觉性结合的前提。因此实验还说明了前注意加工阶段可以对单个特征进行独立编码，特征是处于自由漂移状态的。

参考文献

Treisman, A., & Schmidt, H.（1982）. Illusory conjunctions in the perception of objects. *Cognitive Psychology*, *14*, 107–141.

实验四 面部表情知觉

1. 实验背景

面部表情的识别实验始于 19 世纪，用照片来判断面部表情是研究表情的一种方法，自达尔文在他论著中（The Expression of the Emotionsin Animal sand Man, 1872）阐述了人的面部表情和动物的面部表情之间的联系和区别后，对于面部表情的含义一直说法不一。达尔文（Darwin, 1872）的最早分析表明，面部图形不完全能表现所应当显示的表情。这是因为对面部表情照片的解释可以完全不同，而且还受暗示的影响。用互相调换脸部器官——眼、眉、鼻子、嘴的实验也证明暗示对解释面部表情有影响。用演员来模拟各种不同表情的照片实验还表明，一致的正确辨认率是相当低的。但是，进一步的实验表明，通过暗示和训练可以提高正确辨认率。这说明，辨认面部表情的能力不是天生的，通过经验，特别是练习可以提高正确辨认率。

2. 实验目的

本实验的目的是阐明面部表情辨认的基本特征及提高正确辨认率的辅助方法。

3. 实验方法

实验材料和仪器：

实验材料为事先经过评定的各种人面孔的表情照片。

实验程序：

依次向被试呈现真人表情照片，表情分别是恐惧、厌恶、高兴、惊奇、轻蔑、生气和悲伤，呈现顺序是随机的。每种表情的照片1张，共7张。每张照片呈现后，要求被试判断照片中的表情是什么。采用两种对照片中表情的判断方式：一种是选择，即提供几个表情选项，选择最贴切的一个表情；另一种是填空，即直接将判断出的表情填入到空格中。每次判断完后，还要询问被试是使用什么辅助方法来辨认面部表情的。提供四个选项，要求被试从中选出一项。

4. 结果分析

对实验结果的分析，首先要统计被试面部表情的正确次数和相应的百分数，比较使用选择方式和填空方式的两组被试的正确率，进行统计检验。分析最容易辨别和最不容易辨别的是哪种面部表情。

参考文献

隋雪，任延涛.(2007).面部表情识别的及时加工过程.心理学报.39(1),64-70.

实验五 线索与刺激特征相容性对客体识别的影响

1. 实验背景

刺激可以分为简单刺激和复杂刺激，简单刺激是指具有单一变化维度的刺激，例如不同音高的乐音随声音频率的变化而变化，可见光的颜色随波长变化而变化等。复杂的刺激是指具有多个变化维度或变化特征的刺激。如语音是由不同频率和响度的声波合成的，我们日常生活中的各种物品等多是有多维度特征的（如形状、大小、颜色等物理特征共同组成的客观事物）。对于不同复杂程度的刺激，个体的认知加工过程有可能有所不同，简单的事物能够很快识别并做出判断，而复杂的刺激则需要进行复杂的认知加工过程，才能进行识别和判断。

心理学相容性的概念是对线索与刺激之间关系的一种表达方式。相容性的概念最初是由Fitts提出的，并用于描述可以获得较好的反应结果的刺激与反应之间的关系，即刺激—反应的相容性（Stimulus-Response Compatibility，简称SRC）。刺激—反应相容性的研究源于第二次世界大战美国空军队显示屏的研究，而真正使S-R相容性成为心理学研究内容的是Fitts等的研究。Fitts等系统地研究了空间刺激和动作反应的相容性问题。结果发现：当刺激的空间位置与动作反应的空间模式一致时，可获得最佳的反应效果，即反应时最短，错误率最低。Fitts等人还发现，对知觉刺激进行动作反应的过程中，操作成绩并不是由刺激信号或反应行为单独决定的，刺激与反应之间的关系也是影响结果的重要因素。

关于刺激—反应相容性的理论假设主要有：

①注意假设，认为人有一种朝向刺激源的自然反应倾向，为了与朝向反应作相区别，将这种倾向称为原型（stereotype）。当个体发现刺激时，会自动朝向刺激方向做出反应，当刺激位置与反应位置相匹配时，这种倾向与刺激包含的意义相符，因此就会缩短反应时间；相反，当刺激位置与反应位置不一致时，个体必须先抑制不符合要求的这种反应倾向，然后再做出正确的反应，因此，反应时会相对延长。这种假设的核心就在于，刺激源本身吸引了人的注意，诱发朝向刺激源产生自动反应。

②编码假设，认为产生相容性效应的关键因素在于对刺激位置的编码和反应位置的编码的对应性或一致性。当人接受一个刺激后，将它编码为一系列空间坐标，并与反应的空间坐标相比较，如果刺激和反应存在相同的空间编码方式，反应就会加快。

③注意与编码综合假设，认为注意的作用不仅是朝向刺激作准备，也可以是反应输出作准备，并将上述两个假设整合。他认为，刺激与反应之间的匹配不是影响相容性的一个充分条件，而注意既影响了对刺激的指向，也影响了反应的输出。当刺激和反应的加工集中于某一半球时，就会提高该半球的注意力，加快反应的输出。在这类注意假设中，刺激和反应仍以相同的左右位置进行编

码，因而注意机制和编码共同起了作用。

2. 实验目的

运用反应时测量技术，考察前置线索与信号刺激的特征相容性对信号识别速度的影响。学习和掌握前置线索技术在刺激编码过程研究中的应用。

3. 实验方法

实验仪器与材料：

本研究的实验材料根据线索—刺激的特征，包括三个维度：即图形的维度（平面、立体）、形状、线索—刺激之间的对应关系。图形的维度和形状包括：平面图形（正方形、三角形和圆形）；立体图形（三角锥体、立方体和圆柱体）。每种图形包括红色、绿色和黄色三种颜色。三类刺激组合的对应关系为：①线索与刺激的三方面特征完全不同。②线索与刺激的三方面特征有一个特征相同。或线索与刺激的三方面特征有两个特征相同。③线索与刺激的三方面特征完全相同。本实验由计算机编制刺激—反应相容性实验程序，通过键盘进行反应，程序记录被试的反应时和正确率。

实验程序：

每次实验开始前，有一个简短的声音提示，同时，屏幕中央会出现一个圆点，圆点消失后，所在的位置将相继呈现两个几何图形。要求被试仔细观察两个几何图形的颜色和形状特征，并将前后两个几何图形进行比较，按下面的标准作出判断：如果两个图形的形状和颜色都不同，按小键盘上的"1"键做出"完全不同"的反应；如果两个图形的颜色相同、形状相似（如正方形对立方体、三角形对三角锥、圆形对圆柱体），或者颜色不同、形状相同，按小键盘上的"2"键做出"部分相同"的反应；如果两个图形的形状和颜色都相同，按小键盘上的"3"键做出"完全相同"的反应。要求被试在正确的前提下尽快反应。

4. 结果分析

分析各种实验条件下的平均反应时和正确率，并对不同线索—刺激相容性下的反应时和正确率做差异显著性检验，讨论线索—刺激相容性的规律对人类动作的影响。

参考文献

Fitts, P. M., & Deininger, R. L. (1954). S-R compatibility: Correspondence among paired elements within stimulus and response codes. *Journal of Experimental Psychology*, 46, 100-210.

第二节 空间、时间和运动知觉

实验一 大小知觉恒常性实验

1. 实验背景

人类在观察外部的环境时,外界的物理刺激落在视网膜上的像的大小是不断变化的,距离越远,像越小;距离越近,像越大。那么是否物体离得很远时,我们知觉到的像就是很小呢?答案是否定的,我们主观所知觉到的物体大小并不是完全按照这种几何学投射的规律,而是保留有某种恒常性,使知觉到的客体大小保持某种相对稳定的特性。这就是大小知觉恒常性。除了大小恒常性,还有明度恒常性,形状恒常性等等。这些知觉恒常性使我们对外部世界的认识更加符合客观现实。

如果分析不同观察条件(双眼条件和单眼条件)下的大小知觉恒常性,那么典型的实验结果是:大小知觉恒常性在两种条件下均存在,但距离校正程度并不相同,双眼条件下的恒常性更接近标准刺激。这可以在一定程度上说明,双眼条件下的立体视觉能使我们具有更强的恒常性能力,这可能是深度线索在其中发挥了作用。其次,我们能够发现在不同的距离上,恒常性的水平也有差异,较近的刺激比较远的刺激还原得更接近标准刺激,表明了距离对大小恒常性的影响。但是实验使用的是抽象化的图形代替了日常生活中我们见到的事物,由于经验的作用,对于多数常见物体,我们都有了一个既定的大小概念,即使由于距离远近使之在视网膜上的投影大小有差异，我们仍能根据经验判定物体的实际大小。

2. 实验目的

掌握测量大小知觉恒常性的方法，并且比较大小知觉恒常性在双眼和单眼下的差异。

3. 实验方法

实验材料和仪器：

大小恒常性测定仪和眼罩。

实验程序：

场地长度要求在 7 m 以上，并且以 1 m 为单位画好刻度。被试坐在放置于场地起点处的座位上。标准刺激的测量仪放置在距离被试正前 6 m 处，变异刺激（可调节）的测量仪放置在被试正前稍偏约 25 cm 处，与被试眼睛同高且方便用手进行操作为宜。

主试设定标准刺激为一个三角形（高为 80～130 mm 间某一固定的数值）。向被试告知实验任务后，实验正式开始。被试根据目视的标准刺激大小，调节手边的测量仪上显示的三角形，使之与标准刺激三角形大小相匹配，在这个距离上总共进行四次调节，待调节三角形的起始大小按照 ABBA 设计，即由大到小和由小到大交替。完成双眼任务后，遮挡被试左眼（或右眼），按照这样的方法再测一遍。

主试将标准刺激测量仪向靠近被试方向移动 1 m，重复前面步骤。整个实验过程中，被试需完成标准刺激距离 6 m、5 m、4 m、3 m、2 m、1 m 六种情况，之后实验结束。实验过程中主试将每次被试调节的数值记录到下表中，实验全部完成前被试不会得到反馈。

表 2-1 大小恒常性实验记录表（单位：m）

	6m				5m				4m			
	↓	↑	↑	↓	↓	↑	↑	↓	↓	↑	↑	↓
双眼												
左眼												
右眼												

注：3m、2m、1m 可按此要求补充表格。

4. 结果分析

实验按照以下公式计算大小恒常性系数和透视值。透视值公式：S =（A × B）/D。其中 D 为标准刺激的观视距离（1~6 m），A 为实际的形状值（用标准刺激的高表示），B 为被试与测量仪之间的观视距离（25 cm）。大小恒常性系数公式：KB =（R−S）/（A−S）。其中 R 为调节的形状值（用被试调节的三角形高表示），A 为实际的形状值（用标准刺激的高表示），S 为透视值。

根据实验数据，绘制不同观察条件（双眼条件和单眼条件）下的大小知觉曲线图。横坐标为视距，纵坐标为计算出的大小恒常性系数。分析和比较不同条件下的大小恒常性系数。

参考文献

郭秀艳.（2004）. 实验心理学. 北京：人民教育出版社.

实验二　深度知觉实验

1. 实验背景

人眼对物体远近距离的知觉叫深度知觉，有时也称作距离知觉。众所周知，我们视网膜是一个二维平面的空间。而三位立体空间中的不同客体在左右维度和上下维度的信息差异可以很容易区分出来，因为它们会落在视网膜上的不同位置。但是，不同深度或距离的客体，落在视网膜上的位置信息是比较含糊的，它们本身并不能提供深度的线索。三维空间的信息落在二维的视网膜上，那么深度的信息就需要依靠其他的非位置的信息线索来判断。

深度知觉的线索很多，归结起来大致分为两类：单眼线索和双眼线索。其中，单眼线索包括遮挡、线条透视、空气透视、相对高度、纹理梯度、运动视差、运动透视和单眼调节等；双眼线索主要则是指双眼视差和视轴辐合。实验室中研究深度知觉的常用仪器是深度知觉仪，它可以用来测量深度知觉的准确性和深度视锐，也可以测量和比较单眼情况和双眼情况下的深度知觉的差异。

一般而言，不同用眼条件下的深度知觉有着显著的差异，双眼条件下比单眼条件下深度知觉的误差更小。如前所述，之所以我们能判断物体的深度距离，是因为我们利用了一些线索来产生深度知觉，这些线索包括单眼线索和双眼线索等，但是这些线索发挥作用的大小有所不同。单眼条件下我们用到的线索只有单眼线索，可以得到的信息比较有限，在缺乏有效单眼线索的情况下，深度判断会产生较大的误差。在双眼条件下，我们除了单眼线索，还能够有效利用双眼视差产生深度知觉，更精准地进行空间位置判断。

事实上，双眼视差是立体视觉（空间视觉）中最重要的影响因素，目前流行的3D电影就是利用了双眼视差带给我们更立体的视觉体验，如红蓝3D利用的是眼镜片的滤色效果，使每只眼睛只能看见特定颜色的画面，从而能使混合了两种颜色的画面能够在双眼中显示成不同的两幅画面，偏振3D的基本原理相同，只不过是利用偏振原理使两眼看到有差异的两幅画面。

2. 实验目的

探究单眼或双眼条件下的深度知觉差异，并掌握深度知觉仪的使用方法。

3. 实验方法

实验材料和仪器：

深度知觉仪和遮眼罩。

实验程序：

被试端坐于实验场地中深度知觉仪正前方，校正仪器观察孔与被试眼睛高度平齐，让被试眼睛靠近观察孔。仪器中有三根立柱，两侧立柱为标准刺激，中间立柱为变异刺激，标准刺激在刻度上标示为0，与观察孔距离2m，变异刺激可由主试任意调控远近。

向被试描述试验任务，待被试理解后，实验开始。主试将中间立柱调整到某一位置后，让被试通过开关盒上的按钮将中间立柱移动到与两侧立柱同一平面的位置。双眼条件下，重复上述步骤20次，其中10次为中间立柱的初始位置在两侧立柱前，10次为中间立柱初始位置在两侧立柱后，且每次中间立柱距离两侧立柱的距离是随机的。完成双眼条件下所有实验后，用同样的方法完成单眼条件下的实验。实验过程中，主试需要记录被试调节位置与两侧立柱所在平面之间的误差。

4. 结果分析

根据下面公式，计算双眼条件下深度知觉阈限的视差角：视差角 = 206265 × bΔD/ [D (D+ΔD)]（单位：弧秒）。其中 b 为目间距，一般取 65 mm；D 为观察距离，实验中取 2 m；ΔD 为视差距离，代入的数据为主试记录的误差绝对值，单位为 mm。检验被试在不同用眼条件（单眼条件和双眼条件）下，知觉深度的能力有无显著差异。

参考文献

章海军, 解兰昌, 董太和, 石青云, 李林. (1992). 人眼深度运动知觉的研究. 心理学报, 7 (3), 120-125.

实验三 复制法测定时间知觉实验

1. 实验背景

时间是人类生活中最关键的概念之一。人类总是处于一定的时间和空间维度中的。三维空间对于人类而言是具体的，直观的信息。但是时间却是一个相对抽象的概念，它看不见，摸不着。因此人类如何对时间产生感知也是一个比较复杂的问题。

时间本身有很多方面，比如某种刺激现象的持续性或延续性，这称为时距知觉（temporary duration or interval），而刺激现象的先后顺序则称为时序知觉（temporary order）。此外，对过去和未来的感知也是时间知觉的一种，称为时间朝向知觉（temporary orientation）。人们对以上时间知觉的准确性往往受到很多因素的影响，包括活动内容、情绪、刺激的物理性质及接受刺激的感觉道等等。比如不开心的内容会让人觉得时间更长，快乐的内容会让人觉得时间更短（杨博民, 1989, p. 224-225）。

2. 实验目的

了解时间知觉的内容和测量的具体方法，学习复制法测定时间知觉。

3. 实验方法

实验材料和仪器：

实验材料为特定的视觉刺激（红色圆形）和纯音刺激（1000赫兹50分贝）。计算机编制程序呈现视觉和听觉刺激。

实验程序：

采用复制法（reproduction）测定时间知觉的准确性。以刺激延续时间的长短作为标准刺激的呈现方式。复制法也称为平均差误法，它要求被试复制出在感觉上认为与标准刺激相等的时间，以复制结果与标准刺激的差别作为时间知觉准确性的指标，并区分是高估还是低估了标准时间。

每次试验开始，计算机屏幕中央呈现一个注视点，然后在该位置出现一个视觉标准刺激或听觉标准刺激。标准刺激有4种持续时间，0.5秒、1秒、2秒、4秒；两种感觉道，视觉与听觉。呈现刺激后，要求被试按压空格键开始复制，直至感觉复制的持续时间与标准刺激相等时，再松键。每种刺激测20次，总共160次。各类测定随机呈现。整个实验中，要求被试不要用数数、打拍子、数心跳等策略来估计刺激，而是应完全按照自己的感觉进行判断，觉得和圆形或声响的持续时间一样长就松开反应。

4. 结果分析

记录每次测试的原始数据及经过处理的各感觉道对不同标准刺激的时间估计误差，其值为相对值，即：（估计时间 − 实际时间）/实际时间，正、负值表示估计倾向，数值越小表示估计越准确。分析和比较不同标准刺激和感觉通道下时间知觉的准确性是否有差异。

参考文献

杨博民.（1989）.心理实验纲要.北京：北京大学出版社.

第二篇 基本认知过程

实验四 速度知觉测定实验

1. 实验背景

速度知觉是运动知觉的一种，与时间知觉也有一定关系。速度知觉表明人类能够分辨完成一定空间距离所需时间的长短。能否正确估计物体的运动速度，在人的实践活动中有重要意义（杨博民，1989，p. 432-433）。

2. 实验目的

以亮点实际运动到某处所用时间与被试估计时间之差来评定速度知觉准确性。

3. 实验方法

实验材料和仪器：
计算机编程实现视觉刺激（亮点）在不同方向上以不同速度运动。

实验程序：
每次实验开始，一个光亮点会在计算机屏幕上开始运动一段时间。本实验有两种运动速度（50 点/秒和 100 点/秒），两种运动类型（水平和垂直）。为克服方向带来的误差，每种运动类型又有两种相反方向（左右和上下），这样就组合成 8 种任务，每种任务测 10 次，共 80 次。光亮点结束运动后，被试开始按空格复制时间，认为时间到松开空格键。每次测定之后都有反馈，被试可以对照调整自己以后的估计。时间估计精确到毫秒级。

4. 结果分析

先按照运动类型和运动速度的不同，将被试的实际运动时间和估计运动时间记录整理并加以平均。然后分析出估计误差，是相对值，即：（估计时间 − 实际时间）/实际时间，误差为正表示估计太迟，误差为负表示估计太早，绝对值越小表示估计越准确。最后可以统计分析运动速度、运动类型以及练习对速度知觉准确性的影响。

· 67 ·

参考文献

杨博民.（1989）.心理实验纲要.北京：北京大学出版社.

实验五　似动现象实验

1. 实验背景

真实的运动现象是指物体在三维空间中确实发生了距离的位移，从而让人感觉到运动。但似动现象则是物体在空间中没有发生位移，却同样感到物体在运动。那么这就是一种类似真实运动的感觉，所以称为似动。似动现象在日常生活中是比较普遍的。比如都市的夜晚，我们看到四处都是美丽的霓虹灯，其中不少看上去是向着某个方向移动的，走近一瞧，却发现只不过是相邻的霓虹灯相继亮起而已。此外，月亮在某种程度上来说是不会跟着我们移动的，为什么我们有时却会认为月亮跟着我们"行走"呢？这些都是似动现象的作用。

似动现象是一种特殊的知觉，虽然不是真实的运动，但只有一定的刺激的物理特性和刺激所处环境的特殊性，才会使静止刺激被看作是运动的。所以似动现象产生是依赖于一定的时间与空间条件。一般的似动现象包括动景运动（也称 Phi 运动）、诱发运动、自主运动和运动后效等。下面实验中所研究的就是条件最简易的动景运动。除此之外，不同被试之间的似动现象发生的频率也有差异，它与个体的生理水平和心理准备都有直接关系（杨博民，1989，p. 231–235）。

2. 实验目的

了解似动现象，掌握似动现象产生的时间与空间条件。

3. 实验方法

实验材料和仪器：

计算机编程呈现空间间距和时间间距不同的红色圆形。空间间距有 5 种，1 cm，2 cm，3 cm，4 cm，5 cm。

实验程序：

每次实验开始，屏幕中央呈现一个注视点；然后在水平轴上先后出现两个红色圆形，两个刺激的时间间隔可以调节，空间距离则是固定的。要求被试仔细观察两个圆形，按方向键的左右键调节两个刺激的时间间隔，直到感觉出现明显的似动现象。计算机记录此时的时间间隔。然后再换另一个空间距离开始重复实验，直至实验结束。不同空间距离的顺序是随机的。每种空间距离下的实验次数为 20 次。

4. 结果分析

算出不同空间距离下，每个被试产生似动现象的平均时间间隔，并检验不同间距情况下产生似动现象的时间间隔有无显著差异。

参考文献

杨博民. (1989). 心理实验纲要. 北京：北京大学出版社.

实验六 Ponzo 错觉实验

1. 实验背景

Ponzo 错觉是指两条呈梯形的斜线中间夹着两条长度相等的水平直线，当人们比较两条水平直线的长度时，总是倾向认为上面的直线比下面的直线长。关于 Ponzo 错觉产生的原因，有很多理论对此进行解释，其中常见的有五种理论：倾斜诱导效应、组合—储存模型、大小—比较模型和 Muller-Lyer 错觉与深度知觉理论。

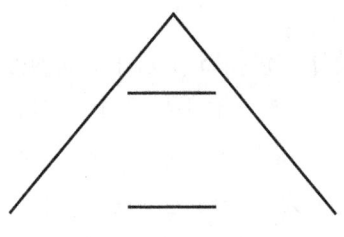

图 2-1 Ponzo 错觉

倾斜诱导效应认为被试在比较两条水平直线的长度时，先将两条水平直线的左右两端连接起来，形成两条垂直线。这时，Ponzo错觉就被分解成了两个经典的倾斜诱导效应。倾斜诱导效应的原意是指一条垂直线同斜线倾斜方向相反的方向倾斜。Ponzo错觉实际上就是由两个这样的斜线与直线组合而成的。因此，人们会认为左边的垂线是向右边倾斜的，而右边的垂线是向左边倾斜。从而将图中的矩形看成是两腰向内倾斜的梯形，由此认为顶部的直线比底部的直线长。组合—储存模型和大小—比较模型都是基于同一理论提出的。它们都是认为因为顶部的直线和两边的斜线之间的缝隙比底部的直线和斜线之间的缝隙要小，所以人们在分辨两条直线的长短时，容易将顶部的直线看成和斜线相连，而将斜线的一部分当作直线的一部分，因此，认为顶部的直线比底部的长。

Muller-Lyer错觉是指当一条直线被两个箭头夹起来时，箭头向外倾斜的直线看起来比实际长度短，但是箭头向内倾斜的直线看起来长。Muller-Lyer错觉与深度知觉理论认为，Ponzo错觉包含了Muller-Lyer错觉，斜线位于顶部直线下边的一段相对于顶部直线是向外倾斜的，正好相当于外向箭头。因此，人们在比较顶部和底部的直线的长度时，会认为顶部的直线比底部的长。深度知觉理论认为，Ponzo错觉的产生是因为人们将图中两条斜线看成是一条由远及近的通道，因此认为顶部的直线距离我们较远，底部的直线距离我们较近。很显然，如果远的直线在我们的角度上看来和近的直线长度相等，那么，远的直线的实际长度一定比近的直线长。所以，人们认为顶部的直线比底部的长。

2. 实验目的

探讨Ponzo错觉的产生机制，并对这种错觉现象进行解释。

3. 实验方法

实验设计：

实验为单因素组内设计，包括5个水平，即倾斜线段与垂直直线夹角分别为10、30、40、50、70度。5个水平按照组内实验设计进行实验。将5个角度随机排序，分配给被试。每名被试在每一个水平下分别进行16次实验，按照如下实验设计进行，4次为一个单元，其中，两次要求被试将线段由长调短（A），两次要求被试将线段由短调长（B）。长短的实验按照ABBA、BAAB、

BAAB、ABBA 或 BAAB、ABBA、ABBA、BAAB 的顺序呈现。被试在 5 个角度的实验材料按照拉丁方顺序进行实验。即 30 个被试分成 6 组，每组的 5 个被试 1、2、3、4 和 5 按照如下角度的顺序进行实验。

     10、30、40、50、70
     30、40、50、70、10
     40、50、70、10、30
     50、70、10、30、40
     70、10、30、40、50

实验程序：

实验开始时，在屏幕上呈现不同的错觉图形，要求被试调整下面一条线段的长短，使上下的线段看起来一样长。计算机自动记录调整的结果。

4. 结果分析

首先计算三个实验获得的不同实验情景下的平均错觉量，并进行统计学检验，考察不同条件和实验下错觉量的差异，最后结合 Ponzo 错觉的有关理论对 Ponzo 错觉产生的机制进行分析和解释。

参考文献

李小健，刘东台．（2008）．视错觉产生的神经机制．心理科学进展，16，555-561.

实验七　听觉方向定位——音笼实验

1. 实验背景

前面都是关于视觉的实验，对于其他感觉通道的研究虽然数量较少，但仍不乏经典，听觉研究中的音笼实验就是其中之一。音笼实验主要研究的是听觉定位现象，即我们只是用声音线索能够判定发生物体的大致方位，是一种距离感觉。听觉定位不仅人类具有，动物也有将头或耳朝向声源方向的行为与能力。目前的理论认为，听觉定位的能力主要是由于双耳接受信息的细小差异产生的。人的双耳相隔一定距离，不同方位的声源发出声音到达双耳会有一定的时间差、强度差和周相差。这些信息在大脑进行加工，使我们能够定位声音源的方位。但是声源所处的不同空间位置使得我们的判断也不一定能够一直精准，那么源于何处的声音我们能定位准确而什么位置不能呢？音笼实验就是研究这一问题的经典实验。

实验结果表明，声音定位需要的信息是声音到达两耳的时间差、强度差、周相差，这些信息越显著，定位的精度就越高。一般来说来自身体两侧（左、右）的声音是比较容易分辨的，但来自头部中切面（纵剖面）上的声音容易混淆，这正是因为纵剖面上的点到两耳距离相等，到达的时间、到达时的强度和周相差异小，所以难以分辨声音的方位。与声音的空间定位相关的因素还有很多，譬如声源远近、声音频率大小等。声源距离越远，两耳获得声音的时间差在声音总传播时长中所占的比例小到可以忽略不计，较难精准定位；声音越近，双耳时差在总传播时长中所占比例大，更能够精确地对声源进行定位。人耳对不同频率的声音定位精准性也是不一样的，1500 Hz 到 5000 Hz 之间的声音较难定位，纯音比噪声更难定位，这些都是声音空间定位的特性。

2. 实验目的

掌握音笼装置的使用方法，并观察源于不同方位的声音对人耳听觉定位的影响。

3. 实验方法

实验材料和仪器：
音笼和眼罩。

实验程序：
实验开始时被试戴好眼罩坐在音笼中的座椅上，将被试头部固定好，并确认被试不能看见眼前事物。主试讲解完实验基本流程后按键开始实验，设备首先发出一个预备音，之后发出的声音可能来自以下方位：横剖面包括右前、右、右后、后、左后、左、左前七个方位，纵剖面包括前下、前、前上、上、后上、后、后下七个方位。整个实验过程中，每个位置出现声音 10 次，顺序随机。被试听见声音后立即报告声音位置，主试在旁记录。横剖面与纵剖面分为两个阶段进行，两阶段之间有几分钟休息时间给被试恢复至最佳状态。全部做完后实验结束。

4. 结果分析

本实验对实验结果的统计和整理需要对各方位声源的正确回答次数做出统计，整理填入下表，然后分析不同条件对声音来源判断的影响。

表 2-2 纵剖面声源方位定向表

声源方位	前下	前	前上	上	后上	后	后下
正确判断次数							

表 2-3 横剖面声源方位定向表

声源方位	前	后	左前	右前	左后	右后	左	右
方位角	0	0	45	45	45	45	90	90
正确判断次数								

表 2-4 声源方向与听觉定向准确性表

方位角	0	45	90
正确判断次数			

第三节　知觉过程中的基本问题

实验一　拓扑特征优先还是局部特征优先

1. 实验背景

我们对客体进行知觉的时候，是先知觉到大范围的整体拓扑特征，还是先知觉到小范围的局部细节特征？这是知觉过程中的一个基本问题。拓扑知觉主要研究的是拓扑不变性，就像将橡皮薄膜捏成各种各样的形状而不是把它撕碎或者剪开，这种在拓扑变换下图形保持不变性质就是拓扑不变性。比如根据人们的知觉经验，圆、三角形和正方形等基本图形的区别是很大的，但是依照拓扑学的观点，它们是等价的。因为它们都是封闭图形。而圆和圆环在拓扑学意义上却是不等价的，它们一个有洞，一个没洞。

我国学者陈霖最早开始对拓扑特征优先的问题进行研究。经过一系列巧妙的实验后，他得出"视知觉组织的心理现象是视知觉初期检测大范围拓扑性质的普遍和基本功能的反应"的结论。视知觉系统对大范围的拓扑性质更为敏感。所以很有可能人们在不能区分圆与三角形或圆与正方形时，区分圆和圆环是可能的。

2. 实验目的

验证拓扑特征在视知觉中的优先作用，了解拓扑知觉理论及其意义。

3. 实验 1

3.1 实验方法

实验材料和仪器：

实验材料为三对图形，分别包括一个正方形和一个圆形，一个三角形和一个圆形，一个圆环和一个圆形。计算机编制实验程序。

实验程序：

被试注视空白屏幕上的固定点，被试按下按钮，三对图片其中之一出现，呈现时间为 50 ms，然后立即呈现空白屏幕作为掩蔽刺激。三种刺激出现的顺序以及左侧或者右侧都是随机的。此外，也有 50%的情况下出现的图形是相同的。要求被试回答两个图形是否相同。计算机记录被试的正确率和反应时。

3.2 结果与分析

对各种条件下的正确率和反应时进行分析和比较，讨论是否和陈霖的实验结果一致并解释其理论意义。根据陈霖的实验结果：一个正方形和一个圆形被试回答为不同的概率也就是正确确认的百分数为 43.5%，屏幕上包含一个三角形和一个圆形被试的正确确认百分数为 38.5%，屏幕上包含一个圆环和一个圆形被试的正确确认概率为 64.0%。明显地，被试对于其中包含圆环和圆的刺激判断的正确率远高于其他两种刺激。对于在拓扑意义上等价的图形的确认的差别并不大。拓扑性质在视知觉中起了一定的作用,视觉系统髓具有洞的连续图形(环)和非空的连续图形(圆)之间的拓扑学特征。

4. 实验2

4.1 实验方法

实验材料和仪器:

实验材料为四种不同的图片,封闭与不封闭图形各两种,并且同种类型的图片是对称的。

实验程序:

与实验1相似,每次呈现一对图形,要求被试回答靶子刺激(线段)在哪一边。刺激的显示时间为50 ms,亮度调整到被试回答正确的平均值为70%以上,实验时刺激的呈现是随机的。

4.2 结果分析

对不同条件的正确率和反应时进行分析,讨论是否和陈霖的实验结果一致:当封闭图形成对呈现在屏幕上时,被试回答靶子线段位置的正确率为86%,而当刺激单独呈现时,被试回答靶子线段位置的正确率仅为56%,并且在统计上差异显著。一般而言,人类的视觉系统对于线段和由线段组成的封闭图形的判断有显著的差异,封闭图形相对更容易判断。

5. 实验3

5.1 实验方法

实验材料和仪器:

实验材料分为两组,每组内有两个图形,第一组为线段倾斜度和位置都不同的两个图形,第二组为包含相同的线段和附加的圆形,线段一个在圆内一个在圆外。

实验程序:

实验中每组的两个图形相继呈现,显示的顺序随机。被试要求判断靶线段是第一个出现还是第二个出现。其余的程序均和实验1和2的程序相同。

5.2 结果分析

对不同条件下的正确率和反应时进行分析，讨论是否验证陈霖的实验结果和支持了拓扑特征优先的理论。陈霖的实验结果中，被试判断第一组刺激的正确率为59.2%，而判断第二组刺激的正确率达到了79.1%。

参考文献

Chen，L.（1982）. Topological structure in visual perception. *Science*，*218*，699–700.

实验二　整体优先还是局部优先

1. 实验背景

对于一个客体，是先知觉其各部分，进而再知觉整体；还是先知觉整体，再由此知觉其各部分？自格式塔心理学兴起以来，这个问题在知觉研究中，一直尖锐地存在着。格式塔心理学认为，整体多于部分之和，整体决定着其部分的知觉，是在其部分之前被知觉的。Navon在1977年对视知觉的整体加工和局部加工进行了实验研究，其视觉字母识别作业被视为认知心理学中的经典实验。

Navon首先区分了总体特征（global feature）和局部特征（local feature），前者在知觉加工中可以看作整体，而后者可看作部分。之后，Navon进行了相关的实验，得出结论：总体特征的知觉快于局部特征的知觉，而且当人有意识地去注意看总体特征时，知觉加工不受局部特征的影响，但当人注意看局部特征时，不能不先知觉总体特征，否则就不会出现小字母识别在冲突的条件下反应时最长。因此，支持了总体特征是先于局部特征被知觉的结论。Navon将这种知觉加工的顺序称为总体特征优先。本实验将重复Navon的实验，对结果进行讨论。

2. 实验目的

了解整体优先还是局部优先的有关理论背景，以及巧妙的实验设计和思路。

3. 实验方法

实验材料和仪器：

外高 35 mm，有效内容的高度为 29 mm 的字母或方框，分成 H 组成的 H、由 S 组成的 H、由方框组成的 H、由 H 组成的 S、由 S 组成的 S、由方框组成的 S、由 H 组成的方框、由 S 组成的方框、由方框组成的方框，共 9 种。此外还有一个声音刺激，H 或 S。按照视觉的总体和局部特征与听觉刺激是否一致，可分为九类。比如针对声音 H 而言：

（1）总体一致：局部一致（由 H 组成的 H），局部无关（由方框组成的 H）和局部冲突（由 S 组成的 H）。

（2）总体无关：局部一致（由 H 组成的方框），局部无关（由方框组成的方框）和局部冲突（由 S 组成的方框）。

（3）总体冲突：局部一致（由 H 组成的 S），局部无关（由方框组成的 S）和局部冲突（由 S 组成的 S）。

对于声音 S 也是一样。

实验设计：

3 × 3 完全组内设计。自变量 1 为总体关系，一致、无关和冲突；自变量 2 为局部关系，一致、无关和冲突。

实验程序：

实验在计算机上进行，计算机屏幕上先出现红色注视点，持续 1 秒，同时伴随蜂鸣声，提醒被试准备。1 秒后注视点消失，呈现刺激，时间为 80 毫秒，然后呈现掩蔽刺激。而在 40 毫秒的时候呈现听觉刺激 H 或 S，要求被试按 H 或 S 键做出判断，到底听到 H 还是 S。计算机记录被试的反应时和准确率。

4. 结果分析

分析在总体一致和局部一致的条件下，反应时有什么样的差异。讨论如果优先知觉整体，那么会是什么样的实验结果？如果优先知觉局部，那又是什么样的结果？如果整体和局部都知觉到或者都没知觉到，反映在实验结果中是什么情况？而 Navon 的实验结果是支持视知觉的整体加工的。

参考文献

王甦，汪安圣．（1992）．认知心理学．北京：北京大学出版社．

Navon, D. (1977). The forest revisited: Moreon global Preeedenee. *Psychological Research*, 43, 1-3.

实验三 无意识知觉实验研究——错误再认

1. 实验背景

知觉是否能够在无意识的情况下发生？错误再认是一个比较典型的例子。无意识错误再认是指在进行再认测验的时候，那些实际没有学过的项目被给出"学过"的反应。Jacoby 和 Whitehouse 在 1989 年的研究中发现了一个有趣现象：实验中背景词对测验词的影响依赖于背景词的呈现时间。当背景词的呈现时间较短时（如 50 ms），一个没学过的测验词在匹配背景下比在不匹配背景下更有可能被给出"学过"的反应，也就是说，在匹配条件下的错误再认率要高于在不匹配条件下的；而当背景词呈现时间较长时（如 200 ms），则出现相反的情况，被试在匹配条件下的错误再认率要低于不匹配条件。

Jacoby 和 Whitehouse 认为，在匹配条件下，由于背景词和测验词完全相同，会引起测验词知觉熟悉性的提高，而被试对这种知觉熟悉性的提高依赖于背景词的知觉是有意识的还是无意识的（Johnston, Dark, & Jacoby, 1985）。当背景词被有意识知觉到时，被试会将这种知觉熟悉性的提高归因于背景词的呈现，因而错误再认率低；而当背景词被无意识知觉到时，被试会将这种知觉熟悉性的提高归因于在前面的学习阶段学习过，因而错误再认率高。可见这种错误再认的质的差异反映了意识知觉和无意识知觉之间的质的差异。

2. 实验目的

通过不同条件下的错误再认，了解意识知觉与无意识知觉的差异并且掌握研究无意识的经典实验。

3. 实验方法

实验材料和仪器：

选取 270 个汉字作为实验材料，全部为名词。其中 30 个用于练习，其余 240 个汉字分为两组，每组 120 个汉字。其中一组用作再认测验中的新字（没学过的字），另一组用作再认测验中的旧字（学过的字）。每组又进一步细分为四个小组，每个小组 30 个汉字，分别用于下列四种条件：匹配条件下的背景字和测验字，不匹配条件下的测验字，基线条件下的测验字，不匹配条件下的背景字。把这 8 组汉字在 8 种条件下（新 vs. 旧 × 上述 4 类字）进行拉丁方的排列，就产生 8 种排列顺序，每个被试用一种顺序进行测验，在所有被试中，8 种排列顺序被应用的次数相等。

实验设计：

2 × 3 两因素混合设计。两个自变量为：

（1）背景字的注意水平：分高、低两个注意水平，采用组间设计。提高注意水平的方法是在背景字的周围加一个小方框，低注意水平下不加小方框。这里的一个控制变量是背景字的呈现时间，定为 60 ms。

（2）背景字与测验字的关系：有匹配、不匹配、基线三种条件，采用组内设计。在基线条件下，背景字是一个非字，由汉字的偏旁构成但无意义。

实验程序：

实验分为学习阶段和再认测验阶段。在学习和测验的时候，汉字的呈现顺序是随机的，在学习阶段，给被试呈现 90 个汉字，一秒钟呈现一个，让被试默读并尽可能去记它们，告知被试随后要对这些字进行测验。再认测验阶段，让被试判断每个测验字是否在刚才的 90 个汉字中学习过，学过按"F"键，没学过按"J"键。与以往的再认测验不同的是，每个测验字呈现之前要闪现一个背景字或非字。

4. 结果分析

分析不同匹配和注意条件下的正确率，考察这两个因素的主效应和交互效应；讨论实验结果是否和 Jacoby 的实验结果一致：即背景词的呈现时间较短时，没学过的测验词在匹配背景下比在不匹配背景下更有可能被给出"学过"的反应，也就是说，在匹配条件下的错误再认率要高于不匹配条件下；而当背景词呈现时间较长时就会出现相反的情况，被试在匹配条件下的错误再认率要低于不匹配条件。

参考文献

Jacoby, L. L., & Whitehouse, K. (1989). An illusion of memory: False recognition influenced by unconscious perception. *Journal of Experimental Psychology: General*, *118*, 126–135.

Johnston, W. A., Dark, V., & Jacoby, L. L. (1985). Perceptual fluency and recognition judgments. *Journal of Experimental Psychology: Learning, Memory, and Cognition*, *11*, 3–11.

第三章 注意实验

人类对外部世界的感知依赖于感觉器官接受信息的输入。而外界大量的信息输入很多时候会造成信息过载,或者说使认知系统超负荷工作产生崩溃。那么此时就需要一个调节和控制的功能避免这种现象发生,这就是注意的选择性功能。注意作为一种选择性机制,会从外界大量的信息中只挑选一部分比较重要的信息进行更深入的加工和分析。当然,很多时候我们可以同时完成多种任务,这时候将注意看作一种可分配的资源,多种任务之间分享总的注意资源,使任务顺利完成,这就是注意的分配功能。

第一节 注意的选择和分配

实验一 双耳分听实验——非追随程序

1. 实验背景

双耳分听就是让被试同时听取两个耳朵通道的信息。人类有时需要接触大量的信息,但是自身对信息的处理和加工是有限的。但是人类往往能从繁多复杂的信息中挑选重要的信息进行加工,所以注意研究的主要问题就集中在对信息的分析问题上。在对注意的心理学研究中,双耳分听是一种传统的研究方法。其中非追随耳程序是 Broadbent 在 1954 年为了验证他所提出的过滤器模型而设计的。过滤器模型认为外界的信息是大量的，而人类由于加工信息的能力是有限的，从而形成了瓶颈。这就需要"过滤器"来过滤一些信息，而过滤器模型的思想则反映了注意的选择功能。

实验中要求被试复述两个耳机所听到的数字。一般而言，实验结果表明被试通常以两种方式进行呈现。第一种按照数字出处的左右耳不同呈现（例如：493，627）。第二种呈现方式忽略数字出自左耳还是右耳而是根据数字出现的顺序来呈现（例如：4，6，9，2，3，7）。第一种方式回忆的正确率为65%，第二种方式回忆的正确率仅为20%。

Broadbent对实验结果做出了解释，他认为每只耳朵都相当于一个刺激输入的通道，过滤器只允许单个通道的单个信息进入。所以在单独呈现的时候被试可以注意到每个通道的全部刺激，而当两个通道同时呈现时被试则需要对每个通道的信息进行转换，这样就使得回忆效果大大下降。

2. 实验目的

学习使用双耳分听法，考察双耳分听的某些现象，对非追随耳实验程序加以了解。

3. 实验方法

实验材料和仪器：

实验材料为实验人员事先录制好的数字的声音材料，用双耳可以分开听取信息的耳机播放。

实验程序：

实验开始后，让被试注意听耳机，左右耳机会同时各念出3个数字（例如右耳出现4，9，3；左耳出现6，2，7），左右耳听到的数字是不同的，朗读数字的速度是每秒2个数字。听完后，要求被试将所有听到的数字写出。这样要做30次。记录被试的正确率。

4. 结果分析

对实验结果进行分析，探讨被试呈现结果的模式，并比较其正确率。分析实验结果是否和Broadbent的一致。

参考文献

Broadbent, D. E. (1957). A mechanical model for human attention and immediate memory. *Psychological Review*, *64*, 205-215.

实验二　双耳分听实验——追随程序

1. 实验背景

双耳分听实验除了上一个实验的非追随程序，另外一个则是本实验要介绍的追随程序。追随程序与非追随程序的不同是在实验中给被试的双耳呈现刺激的同时，让被试复述事先规定的那只耳朵，即追随耳获得的信息，进而考察另一只耳朵即非追随耳能在多大程度上摄取信息。也就是说让被试只注意一只耳朵，而忽略另一只耳朵，考察两者信息接收的区别。

2. 实验目的

学习使用双耳分听法，考察双耳分听的某些现象，对追随程序加以了解。

3. 实验方法

实验材料和仪器：

实验材料为实验人员事先录制好的数字的声音材料，用双耳可以分开听取耳机播放的信息。

实验程序：

实验时，要求被试注意听耳机，左右耳机会同时各念出 3 个数字，但数字是不同的，朗读数字的速度是每秒 2 个数字。在指导语中要求被试听左耳（追随耳）的数字，听完后，有时要求被试将左耳（追随耳）听到的数字报告出来，有时要求被试将右耳（非追随耳）听到的数字报告出来。30 次实验中，其中 15 次要求报告左耳听到的数字，另 15 次要求报告右耳听到的数字，顺序随机安排。记录被试的反应时和正确率。念给被试听的数字在 0~9 之间随机抽取，每次实验中左右耳机念出的所有 6 个数字各不相同。

4. 结果分析

对追随耳和非追随耳的信息进行比较和分析。一般而言，实验结果表明，被试能很好地再现追随耳呈现的信息，而对非追随耳的信息再现效果不佳。除非在非追随耳信息的呈现中有一些物理信息的变化（例如由男声变成女声），其他的信息一概不能报告出来。

实验结果也支持了过滤器模型，只有注意通道的信息才能通过，非注意通道的信息则不能通过，被过滤器过滤掉了。当然过滤器模型并不是十全十美的，双耳分听追随耳的实验程序也遭到后来的学者们的质疑，有学者提出追随耳和非追随耳实际上并不处于同等的地位等一些疑问。后继也有一大批双耳分听的实验程序在此实验基础上展开。

参考文献

Broadbent, D. E. (1957). A mechanical model for human attention and immediate memory. *Psychological Review*, *64*, 205−215.

实验三　跨通道选择性注意

1. 实验背景

注意的选择性表现在很多方面。一般研究分别在视觉和听觉两个感觉通道内探讨选择注意机制。在听觉注意研究领域，最常用双耳分听技术，在视觉空间注意领域，会考察内源性线索和外源性线索对空间注意的影响。一般由中央线索引导出的控制性加工过程被称为内源性（Endogenous）选择注意；由外周线索引导出的自动化加工过程被称为外源性（Exogenous）选择注意。

此外也有研究者对视觉和听觉跨通道选择注意加工的机制进行了研究，即通过给被试呈现视觉和听觉两个通道的刺激，并通过对不同通道刺激的控制来探讨不同感官对相应通道刺激信息的注意加工的规律。以往多数研究是单通道选择注意的研究，而日常生活中对各种信息的加工往往需要跨感觉通道的协同加工，因此，研究跨通道选择注意加工机制对人们的工作和生活有重要的现实意义。

有关跨通道选择注意的研究，研究者们从视觉和听觉双通道的角度提出了选择注意加工机制的几种假设：第一种假设认为，在注意加工系统中可能存在相对分离的视觉注意加工和听觉注意加工系统，并在视觉和听觉刺激独立地进行表征。第二种假设认为，在注意系统中可能存在一个超通道（Super Modal）注意系统，它的主要功能是对来自不同通道的信息进行知觉协调，并对来自不同通道的信息进行整合，而不是独立对不同通道的信息进行加工。第三种假设认为，在注意系统中存在着独立的通道特异性注意系统，它们之间是密切联系的和相互连接的，并使得听觉指向在视觉空间里引起相应的注意指向，或者在视觉指向中引起相应的听觉指向。

2. 实验目的

学习空间检索技术研究跨视觉和听觉通道的选择性注意加工机制，及影响跨通道选择注意加工的因素。

3. 实验方法

实验仪器与材料：

实验材料为在计算机屏幕上呈现的大写字母"E""R""T""Y""U""I""O"和数字"5"。实验仪器为计算机，高分辨率显示器（100 Hz）、MATLAB编制实验程序。实验时屏幕背景色为黑色，亮度调整到最低，实验在暗室中进行。

实验设计：

本实验是 $2 \times 2 \times 3$ 的被试内设计。三个因素分别是：①线索类型，视觉线索（其中一行变成红色）和听觉线索（100 ms 的短纯音，频率为 100 Hz 或 1000 Hz，分别对应上面一行和下面一行）；②线索有效性，有效线索（100%）和无效线索（0%）；③线索与目标呈现的时间间隔（SOA），200 ms、400 ms、800 ms。

实验程序：

正式实验分为两部分进行，这两部分分别是视觉线索和听觉线索部分。在视觉线索的实验中，显示器中间先呈现上下两行三个空格，呈现时间为 1000 ms。随后呈现视觉线索提示，在实验中为变色的空格线。然后呈现目标刺激（大写字母 E 或 R）和分心刺激（T、Y、U、I、5 或 O），要求被试看到"E"，尽快按方向键左键反应，看到"R"尽快按方向键右键反应。实验总次数为 200 次。在听觉实验中，呈现过程与视觉实验一样，只是用听觉实验为线索，根据声音对应的空间位置提示，进行视觉选择注意反应。计算机记录被试的反应时和正确率。在正式实验开始前，有练习实验，次数为10次。

4. 结果分析

计算不同实验处理下被试的平均正确反应时和错误率；用三因素重复测量方差分析考察线索类型、线索有效性和SOA的交互影响，并与理论假设相对照解释实验结果。

参考文献

赵晨,张侃,杨华海.(1998).外源性视觉选择性注意的时空特征,心理学报,2,136-142.

赵晨,张侃,杨华海.(1999).突现对内源性选择注意的影响,心理科学,22,496-499.

实验四　注意分配实验

1. 实验背景

注意分配是指人们在进行两种或多种活动时，能把注意同时指向不同对象的现象。对注意进行分配是有条件的。其很重要的条件之一就是要求同时进行的几种活动达到一定的熟悉程度或自动化程度。另外，注意分配也与刺激的性质有关。通常人们在不同的感觉道之间分配注意，若有两种任务要求用一类心理操作来完成，则会出现注意分配困难，其表现是至少其中一方面的活动会受影响。不同的人注意分配的能力也有所不同。注意的分配还有赖于同时进行的几种活动之间的联系，如果它们之间没有内在联系，同时进行几种活动要困难些；只有它们之间形成某种反应系统、组织更有合理性时，注意的分配才容易完成。注意的分配能力是在后天的生活实践中得到训练发展的，新生儿不具备注意分配能力。但是由于后天的训练和学习，注意的分配能力会逐渐增强。注意分配的能力为人类的正常生活和交往提供了条件，因此注意分配的能力也是人类赖以生存不可或缺的一种能力。为了测定注意的分配能力，进行了本实验研究（杨博民，1989，p. 456-458）。

2. 实验目的

学习测量和计算注意分配的方法，测定注意分配能力。通过实验了解注意分配能力的作用和重要性。

3. 实验方法

实验材料和仪器：

实验材料分为不同颜色圆，红、黄、绿、蓝 4 种和不同频率声音 3 种，低音 350 Hz、中音 750 Hz、高音 2000 Hz。实验仪器为计算机，采用 MATLAB 编制实验程序。

实验程序：

用看颜色按键和听声音按键两种作业来测定注意分配能力。看颜色按键要求被试按照屏幕所出现图形的不同颜色，按 ASDF 四个键。听声音按键是指低、中、高三种不同声音分别对应 JKL 三个键。要求被试听到一种声音，就按相应的键。如果按得正确，就会换一种声音，再按另一个相应键。在正式实验之前，有两个练习。先练习看颜色按键，然后练习听声音按键，分别练习 10 秒钟。为克服顺序误差，实验分 6 项任务，其顺序是：仅看颜色（A）、仅听声音（B）、看颜色+听声音（A'B'）、听声音+看颜色（B'A'）、仅听声音（B）、仅看颜色（A）。被试需要顺次完成 6 项任务，每项任务都有其独立的指示语，每次任务结束之后休息 30 秒，再开始下一项。

4. 结果分析

计算注意分配能力的公式如下：

注意力分配值 D^2 = 视听作业的视觉成绩/单独的视觉成绩*视听作业的听觉成绩/单独的听觉成绩

不同的被试会因为个人差异而有不同的注意力分配值和视觉及听觉作业成绩。实验中为了确保结果的准确性，可以取被试成绩的均值作为最后的成绩。进一步还可以分析男性和女性注意分配能力的不同等问题。

参考文献

杨博民．(1989)．心理实验纲要．北京：北京大学出版社．

实验五　点探测范式

1. 实验背景

Posner，Snyder 和 Davidson C（1980）对空间注意的研究运用了点探测的方法，后来由 Macleod，Mathews 以及 Tata 三人于 1986 年整理提出点探测范式。在经典的点探测任务中，首先向被试呈现一个词语对。每对词语都是由一个目标词和一个中性词组成，随后探测点会随机出现在其中一个词语的位置。被试的任务是又快又准确地判断该探测点的位置（左或右；上或下）或性质（如探测点是"‥"还是"："）。点探测范式的基本假设是：对出现在被试事先注意区域内的探测点，被试的反应时较短；而对出现在事先没有注意区域内的探测点，被试的反应时较长。后来，研究者将经典的点探测范式做了改进。比如将刺激的呈现时间控制在 14 ms 左右并伴有前或后掩蔽，可用于考查对特定刺激的阈下加工特点，这种改进过后的点探测范式被称为视觉点探测掩蔽任务（masked version of the dot probe task）。

2. 实验目的

了解经典的点探测范式，掌握实验流程，对点探测范式的不足加以讨论。

3. 实验方法

实验材料和仪器：

实验材料为简单的表情图案图片，一种为负性情绪图片，一种为中性情绪图片。计算机呈现刺激，MATLAB 实验编程。

实验程序：

实验分为有效线索组和无效线索组，首先在屏幕上呈现一对图片，负性情绪图片和中性情绪图片的位置随机呈现，随后会有一个探测点出现在其中一张图片出现的位置，要求被试又快又准地判断该探测点出现的位置，并记录被试的反应时。

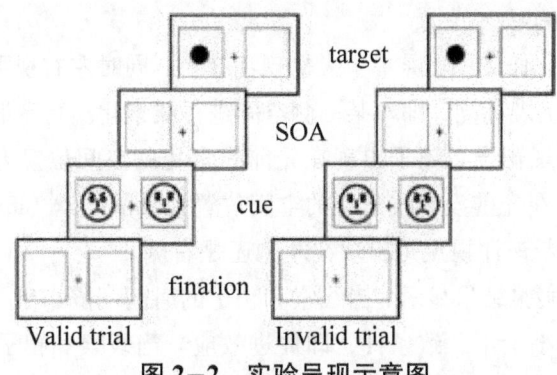

图 2-2 实验呈现示意图

4. 结果分析

由点探测范式的假设，对出现在被试事先注意区域内的探测点，被试的反应时较短；而对出现在事先没有注意区域内的探测点，被试的反应时较长。如果有效线索组反应时小于无效线索组的反应时，则表明是对目标刺激存在注意警觉；如果有效线索组的反应时大于无效线索组的反应时则表示对目标刺激存在注意回避（Hepworth, Mogg, Brignell, & Bradley, 2010）。但经典的点探测范式并不能区分注意警觉和注意脱离困难。

参考文献

Posner, M. I., Snyder, C. R. R., & Davidson, B. J. (1980). Attention and the detection of signals. *Journal of Experimental Psychology*, *109*, 160-174.

Hepworth, R., Mogg, K., et al. (2010). Negative mood increases selective attention to food cues and subjective appetite. *Appetite*, *54*, 134-142.

实验六　空间线索化任务实验

1. 实验背景

空间线索化任务，又称为外部线索化范式（exogenous cueing paradigm）或线索—靶子范式（cue-target paradigm），是基于 Posner（1980）等人研究注意资源的空间分配特点的经典范式。

在空间线索化任务中,屏幕中央呈现注视点,同时左右视野分别呈现方框。之后,一个方框呈现高亮,即对某一侧空间进行线索化。高亮消失后,在左右任一方框内随机呈现靶子。靶子出现在先前线索化的空间位置为有效线索(valid cues),靶子出现在先前没有线索化的空间位置为无效线索(invalid cues)。被试的实验任务是判断该注视点是出现在左侧还是右侧。

一般而言,实验结果显示,当线索和靶子的时间间隔小于300毫秒时,一致条件的反应时就小于不一致条件,即促进效应。当线索和靶子的时间间隔大于300毫秒时,一致条件的反应时长于不一致条件的反应时,即出现了返回抑制效应(Posner & Cohen, 1984)。但由于该范式中不包括中性刺激条件,因此无法考察对特定线索的注意脱离困难。同时空间线索任务考察的是注意的抑制还是反应的抑制尚存争论。将有待于进一步研究。

2. 实验目的

了解空间线索化经典范式,熟悉实验流程。进一步了解空间注意转移的特点。

3. 实验方法

实验材料和仪器:

实验材料为特定的图片,图片会在有效线索或无效线索的一侧呈现。计算机呈现刺激,MATLAB 实验编程。

实验设计:

2*5 组内设计。自变量一为线索的有效性(有效和无效),自变量二为 ISI(150 ms, 200 ms, 250 ms, 300 ms, 350 ms)。因变量为被试判断的反应时和正确率。

实验程序:

在空间线索化任务中,屏幕中央呈现注视点 500 ms,同时左右视野分别呈现方框线索。然后一个方框呈现高亮,即对某一侧空间进行线索化,持续时间 100 ms。高亮消失后,在左右任一方框内随机呈现靶子,靶子呈现时间为 500 ms。靶子出现在先前线索化的空间位置为有效线索(valid cues),靶子出现在先前没有线索化的空间位置为无效线索(invalid cues)。其中线索和靶子的时间间隔为

150~350 ms。通常情况下,为了保证被试最初将注意指向线索化的空间位置,有效线索 trial 与无效线索 trial 的比例为 3∶2。被试的实验任务是判断该注视点是出现在左侧还是右侧,如果出现在左侧按方向键左键,如果在右侧则按右键。

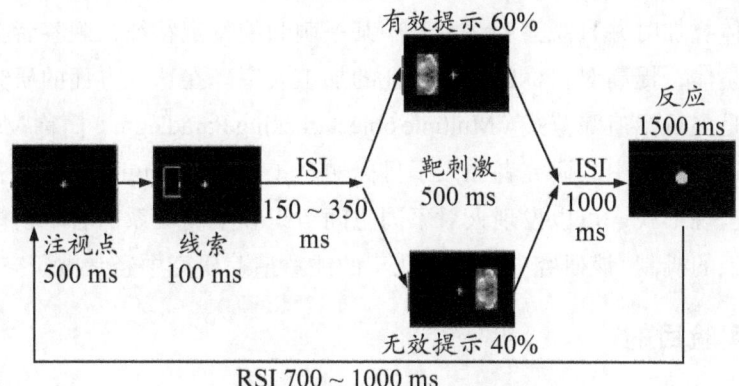

图 2-3 实验呈现示意图

4. 结果分析

分析不同线索和 ISI 条件下被试判断的反应时和正确率,讨论是否和 Posner 等人的结果一致。

参考文献

Posner, M. I. (1980). Orienting of attention. *Quarterly Journal of Experimental Psychology*, 32 (1), 3-25.

Posner, M. I., & Cohen, Y. (1984). Components of visual orienting. In H. Bouma & D. Bowhuis (Eds.), *Attention and performance* (pp. 531-556). Hillsdale, NJ: Erlbaum.

实验七 多目标追踪范式

1. 实验背景

近年来研究者对注意的研究有很大一部分都集中在对多目标运动物体的注

意追踪方面。在有关理论中，与本实验关系最密切的是基于目标的理论，这是典型的运动物体注意追踪的理论之一。该理论的核心是认为视觉刺激是多个信息流组成的单元，每一个信息流都对应于一个空间物体的特征组合，当两个复合特征物体叠加时并且观察者注意其中某一刺激的特定特征，观察者会将目标看成一个整体，提高对目标的所有特征的加工效率。在这一方面的研究最常见的范式就是多目标追踪范式（Multiple object tracking Paradiagm，简称MOT）。在部分注意追踪研究中，研究者加入了目标融合（Target Merging）技术，改变追踪对象的呈现形式，可以发现人对不同空间组织和空间关系的若干物体的注意追踪与加工的机制，该研究方法在近几年的注意追踪研究中经常被研究者采用。

2. 实验目的

学习多目标追踪范式，了解目标融合程度对多目标注意追踪的影响。

3. 实验方法

实验材料和仪器：

实验材料包括五个水平的连接图片，分别为无连接、单线连接、多线对应连接、多线交叉连接和统觉连接。计算机呈现刺激，MATLAB实验编程。

下图为多线对应连接的示例图片：

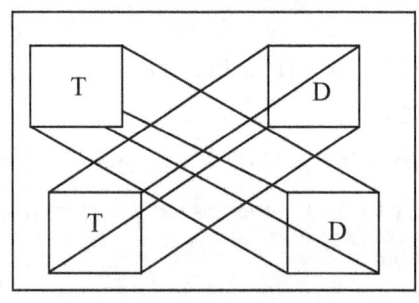

图2-4 示例图片

实验程序：

正式实验包括5个部分，每个部分之间都有2分钟的休息时间。开始实验时在屏幕上的随机位置呈现八个小正方形（或者不完整的正方形）以及它们之间的连接关系，呈现1000 ms。然后其中的四个项目，也就是每一对连接中的一个，以放射线的方式闪烁6次，闪烁持续3000 ms，提示被试以这次运动作为运动追踪的目标。随后，所有之前呈现的八个小正方形在屏幕上规定的范围内按照各自独立的轨迹运动。运动随机，运动时间为7000 ms。然后，其中一个正方形由空心变为实心。要求被试判断这个变化的目标是先前闪烁过的还是没有闪烁过的，也即让被试判断此为刺激目标还是分心物。直到被试做出判断，正方形才停止运动。一个实验结束后，等待500 ms开始下一个实验。目标与分心物呈现的概率均为50%，正式实验前，有15次的练习实验。

4. 结果分析

对不同条件下的判断结果做出分析。如果依照基于目标的理论观点，有利融合使被试对于整体的观察成为可能。首先，线连接条件和对应连接条件与基线反应时间之间的差异应显著，同时连接后的物体由于分心物的干扰会延缓被试对目标的判断。其次，交叉条件与统合条件和基线反应时间会表现出差异，因为统合条件下融合程度不是很紧密，交叉条件又破坏了目标的融合，从而让被试不易将知觉作为整体，随之更趋向于对注意的加工。再次，物体之间的连接形式对注意追踪会产生显著的影响，这种影响的程度与注意目标的连接形式是有直接联系的。

无论是多目标追踪范式，还是目标融合技术，其最大的不同就是将注意线索技术中间断的、静态的呈现方式和过程改为连续的、动态的形式，注意对象的变化方式也是连续的，这与生活中的情形极为相似，在一定程度上克服了实验室实验与实际生活缺少紧密联系的缺点。

参考文献

Brian, J., Scholl, Zenon, W., Pylyshyn, Jacob-Feldman. (2001). What is a visual object?: Evidence from target merging in multipl object traking. *Cognition*, *80*, 159−177.

第二节 注意的促进和抑制机制

实验一 负启动实验

1. 实验背景

关于注意的机制,长期以来研究者只关心注意对于重要信息的促进性加工分析,即选择一部分重要的信息进入更高级的加工分析。而没有被选择的信息的加工究竟怎么样了呢?负启动效应则在某种程度上说明了非注意的信息的加工,即和促进相反的抑制性加工。

启动效应(priming effect)是指先前的加工活动对随后的加工活动所起到的影响作用。启动效应分为两种,一种为促进性启动效应或正启动效应,即先前加工对随后加工的有利作用;另一种为抑制性启动效应或负启动效应,即先前加工对随后加工的不利作用。负启动效应最早由 Dalrymple-Alford 和 Budayr (1966) 在 Stroop 色词研究中提出。随后, Tipper 采用分心物抑制的研究方法开始探讨负启动效应,即将启动刺激的干扰项作为探测刺激的靶子项。他认为涉及注意选择性机制主要有两种过程的观点,即靶子激活和干扰项抑制的同时性加工。

一般而言,启动刺激的干扰项作为探测刺激的靶子项,这种条件下的反应时最长,与控制条件下的反应时在统计学上差异显著。我们称这种反应时延长为负启动效应。探讨其产生机制,这是由于在探测刺激中的靶子是在启动刺激中受到抑制,故而会影响对它的反应。负启动效应的实验深受研究者们专注,这在很大程度上因为其对解释选择性注意的机制有很大贡献,并且负启动效应的实验表明人类存在一种更普遍的认知功能——抑制功能。

2. 实验目的

重复 Tipper 和 Cranston（1985）的负启动实验，了解负启动实验的过程，并探究负启动效应的起因。

3. 实验方法

实验材料和仪器：

实验材料为用红色和绿色墨水书写的两个部分重叠的英文字母。计算机呈现刺激，MATLAB 实验编程。

实验程序：

向被试呈现刺激物（用红色和绿色墨水书写的两个部分重叠的英文字母），其中红色的字母是靶刺激，要求被试又快又准确地读出字母，绿色的一个是干扰刺激，要求被试不理会它。实验中有三种条件：①控制条件，探测刺激的靶子和启动刺激的干扰项是不同的字母；②负启动条件，启动刺激中的干扰项将作为探测刺激中的靶子；③重复干扰项条件，干扰项在各次呈现中保持不变。

4. 结果分析

计算不同条件下的反应时和正确率，比较负启动条件下的反应时和控制条件下及干扰项重复条件下的反应时有何差异。

参考文献

Meyer, D. E & Schvaneveldt, R. W.（1971）. Facilitation in recogniaing pairs of words: Evidence of a dependence between retrieval operations. *Journal of Experimental Psychology*, 90, 227−234.

Tipper, S. P.（1985）. The negative priming effect: Inhibitory priming by ignored objects. The *Quarterly Journal of Experimental Psychology: Human Experimental Psychology*, 37A（4）, 571−590.

实验二 返回抑制

1. 实验背景

自 20 世纪中叶认知心理学兴起以来，注意的研究一直受到重视。返回抑制是 Posner 和 Cohen 最早提出的注意中的一种抑制现象。Posner（1980）最早使用"空间线索技术"研究注意的定向问题。实验结果发现，如果在一个靶子呈现之前，注意被提示线索预先有效地分配到靶子的位置，那么检测此靶子的反应潜伏期会缩短，即被试对线索化位置上靶子的反应速度较非线索化的位置快，此时产生了易化作用。研究者将这种易化作用称为"注意线索效应"，这种效应在内在和外在注意定向中，以及内源和外源定向中是普遍存在的。

同时他们还发现，注意对被提示位置上刺激的检测，不仅有一个早期的易化过程，而且有一个晚期的抑制过程。如果提示线索和靶子呈现之间的时间间隔（SOA）延长至 300ms，这种易化作用即被一种抑制作用所取代，此时，被试对线索化位置上靶子的反应时长于非线索化位置。Posner 和 Cohen 称这种线索化位置上反应滞后的现象为返回抑制（Inhibition of Return，IOR）。他们认为，返回抑制作为一种改善注意空间搜索效率的机制，使得注意离开先前注意过的位置而朝向新的位置。在较长 SOA 的情况下，用提示和非提示位置上反应时的差异作为衡量返回抑制效应的数量化指标。

典型的返回抑制研究范式是，在屏幕的中央出现三个大小相同的小框，中间小框有注视点，要求被试始终盯住该注视点；之后，外侧某一小框迅速呈现闪烁以吸引注意，此即是对外侧小框的线索化（该线索常被称为外周线索，用以区分外面的中央线索）；然后，以同样的方式对中间小框线索化（该线索被称为中间线索），使注意脱离外侧小框而被吸引到中间小框；最后，靶子出现在某个外侧小框，并要求被试迅速做出反应，这种研究范式称为线索—靶子范式。

自从 Posner 和 Cohen 发现 IOR 之后，对它的研究已成为认知心理学的研究热点之一。目前，研究者已在不同的反应类型，不同类型的任务，不同的材料，不同的感觉通道以及使用不同类型线索的情况下，都观察到了这种 IOR 效应。因此，研究者们将 IOR 作为人类信息加工过程中的一种重要的认知抑制成分，并对其特点、影响因素、认知机制和脑机制进行了较深入的研究。

2. 实验目的

通过呈现不同 SOA 下的语音材料，证实语音返回抑制的存在，为返回抑制效应是否具有普遍性提供证据。

3. 实验方法

实验材料和仪器：

语言实验材料若干套，在不同的 SOA 中都使用该套材料，SOA 的顺序使用拉丁方设计在被试间平衡顺序误差。

实验设计：

三因素混合实验设计，2（目标位置：提示和未提示）× 2（语音相关性：语音相关和语音无关）× 3（SOA：500 ms，700 ms，1000 ms）。其中，位置和语音相关性为被试内因素，启动刺激出现到目标刺激出现的间隔时间（SOA）为被试间因素。被试内因素的两水平在被试内采用抵消法平衡误差。

实验程序：

实验过程中，首先在屏幕中央出现注视点，然后在屏幕的左/右侧呈现启动刺激（词），然后出现空屏（100 毫秒），接着出现中间字，然后空屏（100 毫秒），之后再呈现目标刺激。中间字和启动刺激呈现时间依据不同的 SOA 而定。实验任务是，要求被试在保证正确率的前提下尽快读出目标字。对前两个汉字，请不要做任何反应，然后请尽量准确地大声读出第三个汉字。在正式实验之前，请先做练习实验。被试按照实验设计的顺序进行实验。

4. 结果分析

计算不同 SOA 下不同特征刺激组合的平均正确反应时和标准差，并进一步进行 2 × 2 × 3 的方差分析。讨论实验结果是否出现了返回抑制。

参考文献

李晓轩，王玉改．(1999)．注意中的返回抑制，心理学动态，7（3），7-11.

Pratt, J., & Abrams, R. (1995). Inhibition of Return to Successively Cued Spatial Locations. *Journal of experimental psychology*: *Human perception and performance*, 21(6), 1343-1353.

实验三 Stroop 效应

1. 实验背景

Stroop 效应早在 1935 年由美国心理学家 John Riddly Stroop 发现。当命名用红墨水写成的有意义刺激（如"绿"）和无意义的刺激词的颜色时，会发现前者的颜色命名时间比后者长。这种同一刺激的颜色信息（红色）和词义信息（绿）相互发生干扰的现象就是著名的 Stroop 效应。从广泛意义来说，就是一个刺激的两个不同维度发生相互干扰的现象（Stroop，1935）。

Stroop 效应是指字义对命名的干扰效应。一般人念字和命名是两个不同的认知过程。Stroop 于 1935 年做的这个实验中，在一年级小学生被试群体做实验时却没有发现干扰现象。一般认为，Stroop 效应是由于念字自动化造成的。人们对字加工快，而对颜色加工慢，因此，要说颜色时，就会受到字义的干扰，而反过来，念字却不受到字的颜色的干扰。Stroop 被誉为研究注意的"黄金标准"，通过操纵各式各样的实验材料和设计方案，许多不同变式的 Stroop 效应得到了广泛的研究，它还被广泛用做诊断工具来探测注意和执行控制的缺乏所导致的各种神经疾病。Stroop 效应提出后，国内外许多心理学家对它产生浓厚兴趣，进行了多方面的相关研究。如：对于不同的语言种类（如汉字、英文等）产生的 Stroop 效应的（马恒芬等，2010）研究；以昼夜矛盾的词语与图片为材料进行的"昼夜 Stroop 效应"（Day–Night Stroop）研究；Stroop 效应的年龄差异研究；以及与 Stroop 效应有关的大脑事件相关电位研究（彭聃龄等，2004）等等。

2. 实验目的

重复 Stroop 效应，了解自动化加工理论。

3. 实验方法

实验材料和仪器：
刺激字共有 2 种类型，颜色和字义冲突，颜色和字义无关。计算机呈现刺激，MATLAB 实验编程。

实验程序：

在每个任务开始之前，屏幕上给出"念字"或"唱色"的提示，间隔 1000 ms 后，显示一行共 12 个刺激字，被试被要求对屏幕上呈现的一行字从左向右然后从右向左地完成念字或唱色的任务。若在念字或唱色过程中发生错误，则立即自行改正。要求被试尽量迅速而准确地完成任务。被试念完一行字，自行用鼠标点击屏幕上的"停止"键停止计时，间隔 2000 ms 后继续下一个任务。

为了避免可能的练习和疲劳影响，每个系列的任务都要求被试从头念到尾，再从尾念到头，把记录到的总反应时除以 2，就是念一遍所用的时间。同时，实验采用拉丁方设计，7 种刺激字按照不同顺序在每个位置上分别呈现一次。

4. 结果分析

分析字义颜色冲突和无关，以及唱色和念字在不同条件下的反应时差异。

参考文献

彭聃龄，郭桃梅，魏景汉，肖丽辉.（2004）. 儿童 Stroop 效应加工阶段特点的事件相关电位研究. 科学技术与工程，4（2），84–88.

马恒芬，王培培，翁旭初.（2010）. 双语 Stroop 效应的性别差异研究. 应用心理学，16（1），61–66.

Stroop, J. R.（1935）. Studies of interference in serial verbal reactions. *Journal of Experimental Psychology*, 643–662.

实验四 新颖刺激的检测和 P300—Oddball 经典实验范式

1. 实验背景

Oddball 范式是常用的 ERP 实验范式之一。经典的 Oddball 范式为在一项实验中，随机呈现作用于同一感觉通道的两种刺激，刺激出现的概率有很大差别。

概率大者我们称之为标准刺激（standard stimuli），相当于是整个实验中的背景；概率小和偶然出现的刺激则为偏差刺激（deviant stimuli）。1965 年，Sutton 发现了 P300，在这个过程中，他就首次用到了 Oddball 范式，因二者物理属性相差很小，偏差刺激如同经常出现的标准刺激发生了偏差，故"标准刺激"与"偏差刺激"因此得名。实验任务中，仅让被试注意小概率刺激，只要小概率刺激一出现就尽快做出反应。经典 Oddball 范式中，偏差刺激出现的概率通常为 20% 左右，而标准刺激出现的概率通常为 80% 左右。

2. 实验目的

了解 Oddball 经典实验范式，学习事件相关电位实验中的基本知识。

3. 实验方法

实验材料和仪器：

实验中，对同一感觉通路中的一系列刺激由两种刺激组成：分别为标准刺激和偏差刺激。其中标准刺激出现的概率较大约 80%，偏差刺激出现的概率较小约 20%。计算机呈现刺激，NeuroScan 或 EGI，BP 记录脑电。

实验程序：

两种刺激随机呈现给被试，要求被试发现偏差刺激时尽快按键反应或记忆其数目。这样，偏差刺激为新颖刺激，也就成了靶刺激。被试按要求进行实验，记录被试行为反应和脑电反应。

4. 结果分析

分析标准刺激和新颖刺激的 ERP 差异。一般而言，小概率刺激出现后 300 ms 会观察到一个正波，这就是 P300。

参考文献

Sutton, S., Braren, M., Zubin, J., & John, E. R. (1965). Evoked-Potential Correlates of Stimulus Uncertainty. *Science*, *150*, 1187–1188.

第二篇　基本认知过程

第四章　记忆实验

信息通过感觉通道进入人的认知系统后，会根据条件的不同有不同形式的存储，如感觉记忆、短时记忆和长时记忆等。长期以来人们都认为只有一种形式的记忆，那就是保持时间很长久，记忆容量很大的那种，即长时记忆。后来随着认知心理学的兴起，相继确认了短时记忆和感觉记忆。而短时记忆的概念又被扩展为工作记忆，长时记忆也被扩展为情境记忆、语义记忆和程序性记忆。以往研究都探讨的是有意识的记忆，而最近二十年无意识的内隐记忆又被确认。随着认知神经科学的兴起，记忆的神经机制研究也逐渐深入，这一领域的研究在纵横两方向的发展方面都走到了心理学研究的前沿。

第一节　感觉记忆和工作记忆

实验一　部分报告法

1. 实验背景

部分报告法（method of partial report）是由美国心理学家 G. 斯珀林在 1960 年首创的研究感觉记忆的主要方法。以短暂的时间呈现刺激卡片，要求被试注视呈现的全部刺激材料，但不要把刺激材料全部报告出来，而只需报告指定的那部分。斯珀林的部分报告法是探讨感觉记忆容量的一种经典范式。在部分报告法之前，斯珀林曾经使用整体报告法（method of whole report）对感觉记忆进行研究，他以50毫秒的时间向被试呈现字母，发现当字母在4个以内时，被试可以完全正确地报告出来；如果同时呈现的字母在5个或5个以上，被试就不能全部正确地报告出来，平均能报告的字母数为4.5个。在实验中，不断增加呈现的字母数，直到12个；或者改变呈现时字母的排列方式，将同时呈现的字母排成一行、两行或三行；甚至将字母呈现时间由50毫秒延长到半秒，发现，实验结果不变。斯珀林认为，这个数值被大大低估了，因为在被试回忆全部信息的过程中，有很多信息尚未来得及报告便从记忆中消退了，这是受全部报告法的限制而未能检查出来。为了准确地测定感觉记忆的容量，斯珀林又设计了部分报告法。一般而言，呈现9个字母时，报告的正确率接近100%，呈现12个字母时，平均每行能正确报告3.05个，正确率为76%，由此推算，被试在一瞬间的记忆广度约9个字母。

斯珀林对部分报告法与全部报告法得到的被试记忆容量不同的原因进行了研究，实验中呈现12个字（排成三行），刺激消失后，要求被试在不同的时间间隔用部分报告法再现。结果表明，立即再现时被试可以正确报告9个字母，正确报告的字母数随时间间隔的增加而减少，当再现时间延迟到1秒，正确报告的字母数为4.5个，与全部报告法的结果相同。可见，全部报告法所得的保存量，不是刺激消失后立即测得的结果，所以比用部分报告法计算出来的保存量少得多。斯珀林用部分报告法证明了感觉记忆的存在，并且表明感觉记忆比短时记忆的信息容量大，但保持时间非常短暂。

部分报告法不仅适用于研究图像记忆，也适用于研究听觉材料记忆。1956年，N. 莫里用部分报告法设计了"四耳人"实验。实验中，让被试同时听到来自4个不同信息源的声音，并区分声音来自哪个信息源，如同一个人长了4只耳朵。被试每次可听到来自2个、3个或4个声源的信息，每一信息包括1～4个字母，声音刺激停止后，用灯光作指示信号，让被试立即再现从哪个声源听到的字母。

2. 实验目的

学习全部报告法和部分报告法的程序，验证视觉感觉记忆的存在和容量。

3. 实验方法

实验材料和仪器：

实验采用12个字母和9个字母的刺激卡片，都排列三行，每行4个或3个；三种不同的提示音，高、中、低。计算机呈现刺激，MATLAB实验编程。

实验程序：

呈现的刺激卡片为12个字母和9个字母，都排列三行，呈现时间为50毫秒。刺激卡片呈现后，要求被试报告其中的一行，但被试不知道报告哪一行，只知道卡片呈现后将听到已熟悉的高、中、低三种声音信号中的一种，听到高音就报告最上面的一行，听到中音就报告中间一行，听到低音就报告最下面一行，以正确率计算记忆广度。

部分报告法的一个变式是：刺激卡片呈现后，只要求被试报告全部材料中指定的一个字母，也就是当刺激卡片呈现后，在一个白色背景上出现一条很短的黑线条，要求被试立即报告原处在这条黑线位置上的那个字母，实验结果与上述的相同。

4. 结果分析

记录被试回忆出的字母，计算每一行字母的平均正确回忆数。以这个数值乘以3，所得到的数值就是感觉记忆容量的估计值。讨论实验结果是否验证了图像记忆的存在以及和斯珀林的研究一致。

参考文献

Sperling, G. (1960). The information available in brief visual presentations. *Psychological monographs*, 74 (11), 1.

实验二 工作记忆广度

1. 实验背景

工作记忆（Working Memory）是Baddeley在1974年提出的，工作记忆模型一经提出就代替了原来单一系统的短时储存的概念。工作记忆系统由三个子系统构成：①中枢执行系统（the Central Executive System），由注意控制的系统，它与集中注意力、计划和行为有密切的关系。②视空间初步加工系统（Visuo-Spatial Sketch Pad），它能保持和处理视觉的和空间的映象。③语音回路（Phnological Loop），它存储和复述以言语为基础的信息，对于新知识的获得——比如母语和新语言词汇的学习——是必需的。总的来讲作为一个系统，工作记忆为语言理解、学习、推理等一些复杂的认知任务提供了临时储存空间和加工必需的信息。当然，这个系统的心理能源仍然是有限的。

Daneman 和 Carpenter 在 1980 年创造出一种测量工作记忆容量的方法。他们要求被试阅读一系列句子，随后回忆每个句子最后一个单词，工作记忆阅读广度用被试能够正确阅读并记住尾词的句子的个数来测量。与单纯的数字记忆广度、单词记忆广度测验不同，工作记忆测试要求被试能够正确理解句子并且记住单词，在工作记忆中，被试需要同时完成理解与记忆两种工作，这符合工作记忆的理论概念。Daneman 等人的实验证实了工作记忆容量与许多理解测验有高相关，即工作记忆在理解中起着重要的作用，但短时记忆广度与理解测验则没有相关。在 Daneman 等运用了这种方法后，有许多研究者利用该方法对工作记忆进行了研究，比如 Turner 和 Engle（1989）的操作-单字广度测验。他们给被试呈现如下的算式与单字：

$$(4 \times 2) - 1 = 7? \quad \text{SNOW}$$
$$(3 \times 1) + 4 = 7? \quad \text{TABLE}$$

要求被试口算这些式子并验证结果，然后读单字，最后让被试回忆所有的单字。算式-单字串是逐步增加的，能回忆出的单字数代表记忆广度，而且这种测验结果与阅读理解测验也存在相关。这种方法测量的就是被试的工作记忆能力。

这种实验方法巧妙地测得了工作记忆广度值，已经成为工作记忆广度测定的经典实验，供后继学习者参考学习。

2. 实验目的

学习工作记忆广度的测量方法，理解工作记忆与短时记忆的区别，测定工作记忆能力。

3. 实验方法

实验材料和仪器：

实验材料为事先评定好的句子，分为通顺句子和不通顺句子两种。计算机呈现刺激材料，MATLAB 实验编程。

实验程序：

被试坐在计算机前，呈现指示语。要求被试认真阅读指示语，明白实验要求。屏幕上将依次呈现句子，一次一句。被试要大声朗读句子，句子呈现 4 秒。句子呈现完毕后，出现一红色叹号，被试要迅速判断刚才阅读的句子是否通顺并做出反应。如果通顺，按"左"键；不通顺，按"右"键。同时还要在心里记忆句子的最后一个词。如，呈现句子：我没有任何理由反对这参加他次比赛。按键判断（这题应按右键）并记住"比赛"，按键反应后红色叹号消失接着再呈现下一个句子。如果被试不按键反应，4 秒后红色叹号自动消失，呈现下一句。

在工作记忆广度测试中，在每个广度水平上，总共要做 5 套相似的测试，每套中包含的句子数就是广度。如，在广度为 3 的水平上，每套中包含如上的 3 个句子，依次呈现。实验水平从 2 到 7，被试从水平 2 开始做。在水平 2 中，每一套测试包含两个句子，对每个句子分别判断是否通顺，并记忆每个句子中最后呈现的词；每套的两个句子呈现完后要在电脑屏幕上的输入框中写下记忆的两个词。这样总共要做 5 套。如果 5 套中做对了 2 套，就可以接着做水平 3 的实验，即每一套包含了 3 个句子，被试要判断 3 次，记忆 3 个词语；依此，可以一直做到水平 7 的实验。

4. 结果分析

最后的工作记忆广度值测定，当最高水平的正确的个数为 3 时，其工作记忆广度为句子的个数（水平数）；为 2 时，则为水平数减 0.5；为 1 时，则退到前一水平看其正确个数。

参考文献

Baddeley, A. (1992). Working memory. *Science*, *255*, 556–559.

Daneman, M., Carpenter, P. A. (1980). Individual differences in working memory and reading. *Journal of Verbal Learning & Verbal Behavior*, *19*, 450–466.

实验三 短时记忆的信息提取方式

1. 实验背景

心理学家根据信息保持时间的长短和内容的多少，将记忆分为感觉记忆、短时记忆和长时记忆。其中短时记忆是感觉记忆和长时记忆的中间阶段，保持时间大约为5秒~2分钟。它的容量相当有限，大约为 7 ± 2 个单位。编码方式以言语听觉形式为主，也存在视觉和语义的编码。由于与长时记忆中已经存储的信息产生了意义上的联系，编码后的信息进入了长时记忆。必要时还能将存储在长时记忆中的信息提取出来解决面临的问题。短时记忆过程中，信息的识别，编码，储存与提取直接影响信息是否能够转入长时记忆。因此，短时记忆的提取方式对研究人类大脑对信息的提取方式是很重要的环节。

短时记忆的信息提取的实验研究最早就是由斯滕伯格开始的（Sternberg. S. 1969），它是加因素法分析心理过程的一个典型实验。斯滕伯格认为人们短时记忆再认的过程可能有两种搜索方式：一种是系列的扫描过程，即将测试项目和记忆集里的项目一个一个地进行比较搜索；另一种是平行的扫描过程，即将测试项目一次性同时和所有记忆集里的项目进行比较扫描。系列扫描里，再认的反应时会随着记忆集数目增加而增加；而平行扫描里，再认反应时不会随着记忆集的增加而增加。此外，系列扫描也分两种，一种是从头至尾的系列扫描，即测试项目和记忆集的项目从头到尾进行比较。此时，是反应和否反应的反应时应该一致。另一种是自动停止的系列扫描，即发现测试项目和记忆集的项目匹配就停止下来不再继续扫描。此时，是反应的反应时是否反应的一半。一般而言，实验结果支持从头至尾的系列扫描。

2. 实验目的

了解短时记忆的信息提取过程，验证 Sternberg 的短时记忆信息提取实验。

3. 实验方法

实验材料和仪器：

记忆集：大小一共6种（1到6）数字，其中长度为1个，2个，3个，4个，

5个和6个数字的数字串各呈现12次。计算机呈现刺激，MATLAB实验编程。

实验设计：

6*2被试内设计。自变量一为记忆集大小（1~6）；自变量二为反应方式（是反应和否反应）。因变量为再认的反应时和正确率。

实验程序：

实验开始在屏幕中央呈现一个注视点，然后同一位置相继呈现一系列数字（记忆集）。每个呈现1秒，全部数字（1个到6个）呈现完后，过2秒，伴随一个声音提示，又出现一个测试数字，要求被试判断它是否是刚才识记过的。如果"是"按左键，"否"按右键。要求被试迅速而准确地完成任务，并记录下反应时。呈现的数字串中一半包含靶目标数字，另一半不包含。靶目标在数字串中的位置平衡分布，即各个位置出现次数相同。

4. 结果分析

计算不同条件下的平均数和反应时，进行6*2的重复测量方差分析，考察反应时是否随着记忆集和反应方式的变化而变化，从而说明短时记忆再认是一种什么样的搜索过程。

参考文献

Sternberg, S.（1966）. High-speed scanning in human memory. *Science*, *153*, 3736, 652–654.

Sternberg, S.（1969）. Menmory-scannig: mental processes revealed by reaction-time experiments. *American scientist*, 421–457.

实验四　空间位置记忆广度

1. 实验背景

空间位置记忆广度是指按照固定顺序呈现一系列空间位置之后，被试刚刚能够立即再现空间位置系列的长度。被试再现的顺序必须符合原来呈现的顺序。空间位置的记忆广度在实践中有重要意义，可以作为职业能力测评的一个指标。

刺激系列可以通过视觉呈现也可以通过听觉呈现。可以是字母也可以是数字。记忆广度的研究最早是由 Jakobs 创用的，是根据艾宾浩斯发明的系列回忆法稍加改动形成的。记忆广度的测定和绝对阈限的测定类似，可以用最小变化法，即将刺激系列的长度逐级增加，也可以用恒定刺激法，即将选定的若干长度不同的刺激系列随机呈现。有研究表明，空间位置记忆广度受性别、年龄及居住地区的影响。测定记忆广度时，如果被试采用组块的方法，其记忆广度就可以大为增加，因此在测定记忆广度后应询问被试，他在识记过程中曾采用了什么策略，以便在比较个体记忆广度的差异时参考。在实际生活中，测定空间位置记忆广度对于从事某些军事兵工种人员、驾驶员及运动员都具有重要意义。对于空间记忆广度的提高，可以用针对提高注意力、模块记忆的专门训练方法加以练习，以达到提高人们的基本素质的目的（杨博民，1989，p. 140−141）。

2. 实验目的

学习空间位置记忆广度的测量方法，试比较不同人群空间记忆广度的差异。

3. 实验方法

实验材料和仪器：

实验材料为在 5*3 的黄色表格随机呈现的绿色亮点和英文字母。计算机呈现刺激，MATLAB 编制实验程序。

实验程序：

实验时，在计算机屏幕上呈现一个 5*3 的黄色表格，然后在这 15 个格中的某几个格中随机呈现绿色亮点（从一次连续呈现 3 个格开始），要求被试尽量记住圆点出现的位置及顺序。在圆点出现之后，在圆点出现过的方格中会出现一个英文字母，要求被试按照刚才圆点呈现的位置顺序在输入框中输入相应的字母。在某个广度做了三次之后，如果不是全错，则广度加 1 后继续，直到某个广度连续三次都错为止。

4. 结果分析

参考短时记忆广度实验的测定方法，本实验所用的方法是最小变化法的一个变式。其广度的计算方法是以三次都对的最长系列作为基数，以后每做对一次加 1/3，将其和作为记忆广度。结果第一列为广度数，从 3 开始；第二列为正确次数，表示每种广度数此被试做对的遍数，全对为 3，全不对为 0。

参考文献

杨博民．(1989)．心理实验纲要．北京：北京大学出版社．

实验五 范畴效应的实验研究

1. 实验背景

在短时记忆信息提取的研究中，Sternberg 开创了以反应时为指标的研究方法。后来，研究者们又相继提出了对短时记忆信息提取机制的说明。一些观点，如串行的自动停止模型、平行加工模型等，一直争论至今。值得注意的是，这些研究大多与短时记忆的组织脱节，忽视了组织对信息提取的作用，范畴效应则弥补了这一不足。范畴效应指的是对短时记忆信息提取的时候，会按照范畴分类的线索来促进对信息的搜索。一般的实验结果发现，双范畴字表的再认反应时小于单范畴字表。可以由此推想，被试对双范畴字表只选择与探测词属于同一语义范畴的字词进行搜索，即有范畴效应。将一个字表内的范畴数量增加到 3 和 4，也发现了反应时随范畴数的增加而相应减少。当然，本实验被质疑的地方有很多，尤其是在测验前材料已经在被试的长时记忆中很好地组织起来，这样的实验结果很可能与长时记忆有关。

2. 实验目的

掌握范畴效应的实验研究过程，进一步了解短时记忆的信息提取的实验方法。

3. 实验方法

实验材料：

较为典型的 Naus 的实验，以语词为材料。实验中共采用了两种字表，一种是单范畴字表，由属于同一语义范畴的字词（如女孩的名字或动物的名字）组成。另一种是双范畴字表,一半项目是女孩名而另一半则是动物的名字。字表长度从 2 到 12。

实验程序:

实验中,首先让被试按范畴识记实验中用到的全部字词,并且要求被试达到 90% 的正确回忆,然后用改进了的固定字表进行再认实验,每 8 次实验换一个字表。再认程序和经典再认实验一样。

4. 结果分析

考察双范畴字表和单范畴字表下的平均正确率和反应时,探讨是否符合范畴效应。

参考文献

Naus, M. J. (1974). Memory search of categorized and memory search. *Cognitive psychology*, 3, 643–654.

第二节　长时记忆和内隐记忆

实验一　自由回忆系列位置效应的影响因素

1. 实验背景

学习材料在系列中的位置对记忆效果有影响,这种现象被称为系列位置效应。表现为最先呈现的刺激回忆得比较好,称为首因效应;最末尾呈现的刺激回忆得也比较好,称为近因效应。而刺激系列的中间则回忆比较差。如果回忆的结果以项目呈现的顺序为横坐标,以回忆的正确率为纵坐标做成曲线,就是系列位置曲线,系列位置曲线能很好地反映系列位置效应。

系列位置效应的双重分离实验是区分短时记忆和长时记忆的重要证据之一。

一般而言，如果改变刺激的呈现速度会影响到系列位置曲线的前部和中部，而不会影响到后部；另一方面，如果改变回忆的方式（如延缓回忆）则只会影响到系列位置曲线的后部，而不会影响到前部和中部。那么，由此看来，系列位置曲线所反映的不是同一种记忆成分，而是两种不同的成分，即前部和中部反映的是长时记忆，而后部反映的是短时记忆。而相关的负性近因效应也进一步支持了该想法。以下我们将通过实验的方法来探讨系列位置效应的影响因素。

2. 实验目的

学习系列位置效应中的首因效应和近因效应，并且探究呈现速度和回忆方式对系列位置效应的影响。

3. 实验方法

实验材料和仪器：

材料为 40 组汉字，每组 10 个，汉字之间无字义关联，词频及笔画数无显著差异。计算机呈现实验材料，MATLAB 实验编程。

实验程序：

实验中，屏幕中央首先出现注视点，然后同一个位置连续呈现一系列汉字，每次一个；要求被试认真观看并记忆。呈现速度有两种，每秒 1 个或每秒 2 个。学习阶段完成后，被试要回忆刚才学习的汉字并输入到输入框中。分两类情况，立即回忆组中间无延迟时间，延迟回忆组学习完成后延迟 20 秒再回忆。回忆不要求按照顺序，而是采用自由回忆的方法。一共分为 4 组被试，每组被试接受一种呈现速度和回忆方式的组合，每组被试完成 10 组汉字。

4. 结果分析

对实验结果的处理首先要收集实验数据并整理填入下表。

表 2-3　系列位置效应结果表 1

回忆方式	系列位置中的汉字正确回忆百分比									
	1	2	3	4	5	6	7	8	9	10
立即回忆组										
延迟回忆组										

表 2-4　系列位置效应结果表 2

回忆方式	系列位置中的汉字正确回忆百分比									
	1	2	3	4	5	6	7	8	9	10
每秒 1 个组										
每秒 2 个组										

其次,以汉字的系列位置作为横轴,该位置的汉字被正确回忆的百分比作为纵轴,绘制系列位置效应曲线。分析两类系列位置效应的曲线图,考察刺激呈现速度和回忆方式对系列位置曲线的影响,并探讨是否支持两类记忆的观点。

参考文献

王甦,汪安圣.(1992).认知心理学.北京:北京大学出版社.

吴艳红,朱滢.(1999).项目在不同间隔时间呈现过程中的系列位置效应.心理学报,31(2),162-168.

实验二　内隐记忆实验

1. 实验背景

Schacter 等 1980 年进行了一个实验研究,首次提出了记忆的启动效应(priming effect)。先让被试阅读一些单词,例如:assassin, octopus, avocado, mystery, sheriff, climate。一小时后,再做两次实验:首先是再认测验,被试不会有任何困难;其次是补笔测验,向被试呈现一些有字母残缺的单词,要求尽可能地将残缺字母填补上,例如:ch__nk, o_t_us, _og_y_, _l_m_te。在这次测验中,被试对其中的两个残缺单词很难做出正确解答,即 chipmunk 和 bogeyman;而对其他单词就很容易了。这是因为在一小时以前见过 octopus 和 climate 这两个词。在实验中,Schacter 等人对测验的时间间隔进行了控制,有的是在一小时后,有的是在一周后进行测试。在这两种情况下,后者对所学单词的再认,即有意识的回忆,远不如前者准确,但对于补笔测验的结果,两种情况下完全等同。这就是说,引起单词填补测验中的启动效应的,是在测验前看到这一单词所引起的某种并非自觉记忆的因素。

实验结果指出：启动效应的产生不依赖于有意识的记忆。内隐记忆是被试在操作某任务时，不经有意识地回忆，存储在大脑中的信息会在操作中自动起作用。内隐记忆的特点则是被试对信息的提取是无意识的。由于内隐记忆的特征限制，要测量内隐记忆只能用间接法，而不能按照传统方法直接来测量记忆的内容。目前，测量内隐记忆的方法有知觉辨认、单词补笔等。本实验采用知觉辨认和再认的方法，以验证内隐记忆现象的客观存在，比较外显和内隐记忆测试的结果有何不同。

2. 实验目的

通过再认测验和知觉辨认测验，证实内隐记忆的存在，了解外显与内隐记忆的区别。

3. 实验方法

实验材料：

共有160个词语，分成两组，每组各80个词语。一组为学习用词，一组为混淆用词。缓冲词20个对每个被试都相同，不包括在学习用词中，随机呈现。

实验程序：

实验程序分为学习和测试两个阶段。在学习阶段，每个被试按5个缓冲词—40个学习词—5个缓冲词的顺序学习（这个分类过程被试不知道），每个词语呈现1秒。40个学习词及10个缓冲词是分别从80个学习词及20个缓冲词中随机挑选出来的，随机呈现给被试。休息5分钟。重复上述程序，只是换了剩余的10个缓冲词和剩余的40个学习词。休息15分钟。

学习阶段结束后，则进入测试阶段。每个被试做4个测试，流程为：再认1—知觉辨认1—知觉辨认2—再认2。①再认1：呈现40个词语，其中20个学习过的（随机从80个学习用词中挑选），20个没有学习过的（随机从80个混淆用词中挑选），依次逐个呈现，当被试按键反应后呈现下一个字。②知觉辨认1：呈现40个词语，其中20个是学习过的（随机从剩余的60个学习用词中挑选）；20个没有学习过的（随机从剩余的60个混淆用词中挑选）。每个词逐个随机呈现，呈现时间为50 ms。被试直接在计算机上输入辨认的结果；然后按键呈现下一个词语。③知觉辨认2：程序同知觉辨认1。呈现40个词语，其中20

个学习过的是随机从剩余的40个学习用词中挑选出来的;20个没有学习过的是随机从剩余的40个混淆用词中挑选出来的。随机呈现给被试。④再认2:程序同再认1。呈现40个词语,其中20个学习过的是随机挑选后剩余的20个学习用词;20个没有学习过的是随机挑选后剩余的20个混淆用词。随机呈现给被试。

4. 结果分析

报告再认结果和知觉辨认的结果,以及旧词知觉辨认正确率减去新词知觉辨认正确率。旧词的知觉辨认正确率减去新词的知觉辨认正确率即为启动效应(内隐记忆)。如果两者有显著差异,则证明有内隐记忆现象。

参考文献

朱滢.(1993).启动效应——无意识的记忆//王甦,等著.当代心理学研究.北京:北京大学出版社,37-67.

实验三 记忆的实验性分离——任务分离范式

1. 实验背景

如何从复杂的记忆任务加工过程交互作用中分离出独立的加工过程?一种解决该问题的观点认为:如果不同的记忆任务之间出现效应的分离,则这种分离可以作为独立的加工过程存在的证据,这就是任务分离范式(task dissociation framework)。任务分离通过控制同一自变量而比较两种不同的记忆任务的效应。如果该自变量影响被试在一项记忆任务中的成绩,但不影响另一记忆任务(单一分离),或者自变量对记忆任务的影响是相反方向的(双向分离),可以认为这两种记忆任务之间具有随机独立性,即出现了实验性分离。

在记忆的研究中,任务分离范式运用于研究外显和内隐记忆任务之间的分离,促进了内隐记忆的研究的发展。20世纪90年代初之前,外显记忆与内隐记忆的研究大多基于这样一个前提:许多记忆任务如回忆和再认,均需要被试有意识地或主动地收集先前经验才能完成当前任务。以再认为例,需要判断一个测试刺激是否在先前的学习阶段出现过，这些任务被看成是外显记忆任务。而另外一些记忆任务所测量的是通过无意识机制运作的记忆，不需要对先前经验直接记忆，表现为被试并未意识到的某些经验对当前任务的自动影响，这些任务被看成是内隐记忆任务。一类典型的内隐记忆任务是重复启动，指刺激的先前经验对当前任务完成的促进或抑制作用。重复启动包括词汇辨认（word identification）和词干补笔（word stem completion）任务等。在词汇辨认任务中，要求对学习阶段的经验（并无直接记忆）比新词能够更加精确地辨认；词干补笔测验要求被试首先用进入意识的词来填充词干，通常被试更容易采用学习阶段遇到的词来完成补笔而不是其他合适的词。采用任务分离方法揭示了外显记忆任务与内隐记忆任务间有大量的分离。

在整个 20 世纪 80 年代，由于任务分离方法能较好地区分外显记忆与内隐记忆的加工特点，增进了对记忆加工过程的理解，并有助于研究内隐记忆的加工机制，从而引发了众多研究者的兴趣（朱滢，2000，p. 378–380）。

2. 实验目的

本实验运用 Tulving 最早提出的任务分离范式（Task Dissociation Paradigm），通过控制自变量，采用不同测验指导语造成直接测验的再认和间接测验的字形偏好，判断两种不同的测验任务，验证内隐记忆和外显记忆的存在。

3. 实验方法

实验材料：

实验使用已经评定好的汉字 50 个。

实验设计：

采用 2 × 2 两因素混合实验设计模式。自变量一为测试时间（即时测试和一周后测试）；自变量二为记忆测试方式（再认和词干补笔两个水平）。自变量二为组间变量。

实验程序：

实验分为两个阶段，分别为学习阶段和测试阶段。在学习阶段，两组被试对 50 个汉字进行识记。然后进入测试阶段。一组被试立刻进行再认测试，一周后再进行一次再认测试。另一组被试立刻进行补笔测试，一周后再进行同样的补笔测试。

4. 结果分析

考察随时间的变化，再认成绩和补笔成绩是否跟随变化。一般而言，时间的变化会严重影响再认的成绩，但对补笔的成绩不会有明显的影响。说明再认任务和补笔任务的效应出现了实验性分离。

参考文献

朱滢.（2000）.实验心理学.北京：北京大学出版社.

实验四 记忆的加工分离范式

1. 实验背景

意识与无意识加工在记忆任务中的同时性，引发了研究者们思考如何去分离在单个记忆任务中可直接观察的意识与无意识成分的贡献。Jacoby 等在 1993 年提出的加工分离范式（Process Dissociation Procedure，PDP）是记忆研究中关于意识与无意识众多分离思想中最富创见性和影响最大的一种，它成功使得意识和无意识加工成分得以在一个简单的记忆任务中分离。

加工分离范式的突出之处就是把意识和无意识的加工看成两种独立的加工过程，它摆脱了任务分离范式所面临的外显和内隐记忆任务存在任务不纯净的问题。加工分离范式得到了心理学研究者们广泛的重视。它不仅为记忆研究提供了新颖的研究技术，还为内隐记忆加工机制及其特点的研究提供了大量、直接的实验证据。

2. 实验目的

加工分离范式主要是为了将内隐记忆和外显记忆区分开来，在此基础上建构两者的不同指标，进而考察实验条件对内隐、外显记忆的不同影响。

3. 实验方法

实验材料：

实验材料采用双字词语，包括 20 个视觉词，20 个变位词，60 个听觉呈现词，另外还有 30 个词是仅在测验阶段出现的新词。

实验设计：

实验提供两种条件。①包含条件：意识性提取和熟悉性共同促进作业成绩。②排除条件：意识性提取和熟悉性对作业成绩的影响正好相反。在包含测验中，被试利用意识性提取和无意识熟悉性两种加工机制来完成对目标组项目的再认判断任务。在排除测验下，被试只对辅助组项目进行积极的再认判断，在这种条件下，要求被试将目标组项目作为没有学习的项目，加以排除。

实验程序：

实验程序主要包括两个阶段——学习阶段和测试阶段。其中学习阶段主要包含两个步骤，首先呈现一些词要求被试阅读，并且同时呈现一些变位词让被试重新排列组合成新词。然后以听觉形式呈现一组单词，要求被试将听到的单词大声读出来并且努力记住，以准备随后的再认测验。在测试阶段中，测验材料包括学习阶段的变位词、视觉呈现词、听觉呈现词以及新词。共有两种测验条件——测验条件和排除测验条件。在测验条件下，要求被试对学习阶段呈现的词进行"新"或"旧"的再认判断；而在排除测验条件下，被试被要求仅仅对听觉呈现词进行积极的再认判断，也就是说在这种条件下，被试将变位词和视觉呈现词作为没有学习的项目加以排除。

4. 结果分析

意识性提取导致对目标组项目做"新"判断，而熟悉性导致对目标组项目做"旧"判断。在包含测验条件下对目标组项目判断为"旧"的概率为 P（"旧"包含）= R + F（1 - R），排除测验条件下对目标组项目的再认判断为"旧"的概率为 P（"旧"排除）= F（1 - R）。结合这两个测验目标组项目判断为"旧"的概率，进行简单的数学运算，就可以计算出意识性提取和熟悉性的各自贡献，R = P（"旧"包含）- P（"旧"排除）；F = P（"旧"排除）/（1 - R）。

参考文献

Jacoby, L. L., Toth, J. P., & Yonelinas, A. P.（1993）. Separating conscious and unconscious influences of memory: Measuring recollection. *Journal of Experimental Psychology: General*, *122*（2），139 - 154.

实验五 记忆的加工水平说

1. 实验背景

记忆的信息三级加工模型或多存储说认为，记忆包括三种存储：感觉记忆、短时记忆和长时记忆。长时记忆是一个信息库，可以长期贮存大量信息；而短时记忆是一个容量有限的缓冲器和加工器，容量以内的信息可以在短时记忆中短暂地保存。外部信息首先通过感觉通道进入短时记忆，然后可以通过复述进入长时记忆，否则就被遗忘。

1972年，Craik 等人批评了形态模型的记忆理论，进而提出了研究记忆的新途径，即加工水平的途径（Craik & Lockhart, 1972）。加工水平说（levels of processing）是当前主要记忆理论之一，它认为人类的记忆只有一个统一的系统，而并非多个记忆系统。加工层次模型认为：作用于人的刺激要经受一系列不同水平的分析。从肤浅的感觉分析开始，到较深的、较复杂的、抽象的和语义的分析。感觉分析涉及刺激的物理特性；较深的分析则涉及模式识别和意义的提取。这种加工系列体现出不同的加工深度，更深的加工深度意味着更多的意义或认知分析。记忆痕迹实际上是信息加工的副产品，痕迹的持久性是加工深度的直接函数。那些受到深入分析的信息产生较强的记忆痕迹，并可持续较长的时间；而那些只受到肤浅分析的信息则产生较弱的记忆痕迹，并持续较短的时间。这样，加工水平说就从信息加工的操作出发，用不同的加工水平来取代不同的记忆结构，提出了与两种记忆说相对立的观点。

记忆早期的理论和研究是针对外显记忆提出和进行的。近10多年来，随着内隐记忆研究的兴起，心理学家们逐渐把注意转向了加工水平对内隐记忆的影响。一些研究表明，加工水平对外显记忆和内隐记忆的影响似乎是不同的：较多的意义加工通常会导致较好的外显记忆，但并不一定导致较好的内隐记忆；某些内隐记忆似乎更多地受到感知觉加工数量的影响。1983年，Jacoby 的一项实验十分典型：在实验的第一部分，他要求被试在3种条件下大声读出一系列单词，这3种条件要求的对单词意义的加工是逐渐增多的，对单词形状的感知觉加工却是逐渐减少的。实验的第一部分结束后，被试或者进行再认测验，或者进行知觉辨认测验。实验结果表明,再认成绩随着意义加工的增多而不断提高;而知觉辨认的成绩却随着意义加工的增多而降低,即随着感知觉加工的增多而提高。本实验将通过再认测验和知觉辨认测验考察不同的加工水平对外显记忆和内隐记忆的影响,从而验证加工水平与记忆持久性的关系以及加工提取的一致性。根据前人的研究结果,再认成绩应随着意义加工的增多而提高;知觉辨认成绩则应随着字形加工的增多而降低。

2. 实验目的

考察不同加工水平对外显记忆和内隐记忆的影响,验证内隐记忆的存在。

3. 实验方法

实验材料和仪器:
实验材料为 100 对事先经过评定的反义词词对。

实验设计和程序:
采用 2*3 混合设计,自变量一为记忆单字呈现的方式,直接呈现,线索呈现,生成呈现;自变量二为测验的方式,再认和模糊辨认。因变量为记忆的反应时和正确率。

加工层次说的实验范式为不随意学习(incidental learning),具体如下:要求被试完成不同的定向任务(oriental task),通常任务水平有字形、语音和字义。一共 100 对单字反义词词对,学习其中的 50 对。要求记忆的是 50 对中的一个字。分三种方式呈现:先呈现注视点,再直接呈现要记忆的字;先呈现要记忆的单字的反义词,然后呈现要记忆的单字;先呈现要记忆的单字的反义词,然后呈现问号,让被试报告出要记忆的单字。

测验分为 2 种:再认和模糊辨认,各测一半,即 25 个。但每种测验会加入 25 个新字。即再认任务一共 50 个单字,辨认也一共是 50 个单字。根据被试的编号的奇偶性,分成两种测验顺序:再认—辨认,辨认—再认。

4. 结果分析

考察单字呈现方式和测验方式两个因素的交互作用,是否出现再认成绩随着意义加工的增多而提高,知觉辨认成绩随着字形加工的增多而提高。讨论该实验结果是否支持了外显记忆和内隐记忆分离的理论。

参考文献

Craik, F., & Lockhart, R. (1972). Level of processing: A framework for memory research. *Journal of Verbal Learning and Verbal Behavior*, *11*, 671-684.

Jacoby, L. (1983). Perceptual enhancement: Persistent effects of an experience. *Journal of Experimental Psychology*: *Learning, Memory and Cognition*, 21-38.

第三节　其他记忆现象

实验一　DRM 范式——虚假记忆与再认实验

1. 实验背景

心理学在记忆部分的研究中，大多数心理学家只对直接（外显记忆测验）或间接（内隐记忆测验）获得的正确记忆感兴趣，而将记忆错误简单地归为被试猜测或者是遗忘。但是 Roediger 指出，"正如知觉错觉有助于我们了解知觉过程一样，记忆错觉也为我们提供了一种更好地了解记忆过程的手段"。

记忆研究发现存在两类记忆错误：遗忘和歪曲。记忆并不是大脑内所贮存图像的再次激活，而是受多种因素影响的一种复杂的建构产物。在建构的过程中，回忆者的态度、预期和过去的经验会导致多种类型的记忆错觉。关联效应是一种普遍存在的记忆错觉现象。当人们经历了一系列有紧密联系的信息之后，他们很容易将一些和经历过的信息密切关联的但实际上并未呈现过的信息认为是发生过的。

后来，研究者们将以相关词的呈现来引发虚假回忆和虚假再认的实验方式称为 Deese-Roediger-McDermott 范式，即 DRM 范式。实验发现被试通常会自由回忆或者再认出关键诱饵，甚至认为清晰地记得关键诱饵呈现的当时的各种细节特征。结果显示，关键诱饵的虚报率显著地高于无关的干扰项目，甚至接近学习项目的击中率。因此关联效应可以有效地引发虚假记忆,为我们系统地实验研究记忆错觉提供了一条可靠的途径。对关联效应的理论解释仍存在争议。较为人们接受的有模糊痕迹理论和信源检测理论。前者认为概括性表征导致了对关键诱饵的虚假回忆,后者认为是被试对信源的混淆导致了记忆错觉。张力、朱滢(1998)采用了 DRM 范式来研究年龄因素对关联性记忆错觉的影响,结果发现和年轻被试相比,老年被试的正确回忆率显著低,但是老年组并未表现出高的虚假回忆。这表明了年龄的老年化对真实记忆和虚假记忆的影响是不同的。

2. 实验目的

学习采用 DRM 范式研究关联性记忆错觉的实验方法。预期正确再认和虚假再认均高于错误再认,而正确再认和虚假再认之间没有显著差异。

3. 实验方法

实验材料:

实验材料为关联性记忆词表 24 个。每个词表包含一个关键诱饵和 15 个与之相关联的词。排列方式按照与关键诱饵的联系程度由大到小排列。学习阶段,使用词表 16 个,每个词表只用除关键诱饵之外的 15 个词。再认测验使用 96 个词。从学习阶段的 16 个词表中抽取各词表第 1、8、10 位的词作为已学习过的词,再抽取剩下 8 个词表中第 1、8、10 位的词和所有 24 个词表中的关键诱饵作为学习词。

实验程序:

实验程序分为学习阶段和测试阶段。在学习阶段,被试根据指导语,分别识记呈现在屏幕的词,每组 15 个,每个词呈现时间 1500 ms。每组词呈现结束后,会有一个提示,被试根据这个提示完成不同的任务,时间都为 2 分钟。任务一是在给被试的空白纸上写出刚才识记的词(再现测试)。任务二是在给定的算术题纸上写出各个算术题的计算结果(分心任务)。两种任务各有 8 次,随机分配。

学习阶段结束后进入测试阶段。测试阶段分两个任务。第一个是在学习阶段完成的再现任务,共 8 次。第二个任务是再认任务,屏幕上依次呈现 96 个词,被试需要进行再认判断。如果在学习阶段这个词没有出现,则被试应按空格键。

如果在学习阶段这个词出现过,并且被试还记得呈现的一些细节,被试应按 F 键(Remember 反应);如果被试仅仅确信这个词出现过却不记得任何细节,则被要求按 J 键(Know 反应)。在正式实验之前,被试需要进行这三种情况的按键练习,来熟悉反映规则。但练习成绩不计入总分。

4. 结果分析与讨论

实验后对结果的整理需要分别计算被试对学习词、低关联未学习词、关键诱词的三种反应频数,分别以 48、24、24 为分母计算出三种反应的比率。通过列表比较正确反应与虚假反应的比较,通过单因素的方差分析来检验关键诱词与低关联词虚假再认的差异。

参考文献

何海瑛,张剑,朱滢.(2000). DRM 范式的关联性记忆错觉的研究综述. 心理学动态.

张力,朱滢.(1998). 关联性记忆错觉的产生与保持. 心理学报.

实验二 提取诱发遗忘实验

1. 实验背景

Anderson 在 1994 年提出了提取诱发遗忘实验(Retrieval-Induced Forgetting, RIF)。他指出,提取诱发遗忘的研究要考虑两个主要的问题,首先是强度依赖竞争的逻辑问题,其次就是能够使提取诱发遗忘现象自然发生的状态条件。许多前人的研究证明,至少在提取某些记忆项的条件下会导致随后相关的回忆困难。Anderson 认为,信息提取过程本身也是引发遗忘的原因之一。经过提取的项目在后续记忆测验中确实更可能被回忆起来,但是那些与之共享同一提取线索却没有经过提取的项目在后续测验中相对于提取项目则较难回忆。

2. 实验目的

本实验的目的是学习提取诱发遗忘效应,熟悉提取—练习经典实验范式。

3. 实验方法

实验材料：

实验材料为事先评定过的种类词和样例词，如"fruit-orange"，"fruit-lemon"等。还有"种类词—部分缺失的样例词"，如"fruit-or"。要求被试对缺失的部分进行回忆。

实验程序：

本实验分为三个阶段，分别为学习、提取练习和测验。首先在学习阶段中，给被试呈现一系列词对，按照"种类词–样例词"的方式呈现，让被试记忆。然后进入提取练习阶段，则以"种类词＋部分缺失的样例词"呈现一些刚才学习过的词对。最后进入测验阶段，依次向被试呈现学习阶段中出现过的所有种类的单词，要求被试回忆在整个实验中见到的所有样例词。

4. 结果分析与讨论

在实验的提取练习阶段，得到练习的词对中的样例词记为 RP+，与 RP+共享同一提取线索但是并未经过提取练习的样例词记为 RP−。未作为练习阶段的提取线索的那一半种类词和与之对应的所有的样例词记为 Nrp。在提取练习阶段中，属于同一类的样例词彼此之间产生竞争，如果在提取阶段中得到加强的记忆线索能够在较长的时间间隔后仍然得以持续，那么经过提取练习的项目 RP+将比没有经过提取练习的项目 RP−具有更强的竞争优势。这种由竞争产生的影响，可以通过对比最后在测试阶段中 RP−和 Nrp 的回忆率来观察。如果被试对 RP−样例词的回忆率显著低于样例词 Nrp，那么就发生了提取诱发遗忘现象，并且证明由此造成了长时提取的失败，这种失败是由强度依赖竞争所引起的。

记忆能够引起遗忘是现代记忆理论中很具有影响力的一个方面。记忆的提取诱发遗忘的提出，以及强度依赖竞争模型作为解释此现象的基础理论都对记忆的研究有贡献。

参考文献

Anderson，M.，Bjork，R.，etal.（1994）. Remembering can cause forgetting: Retrieval dynamics in long-term memory. *Journal of Experimental Psychology: Learning，Memory and Cognition，20*（5），1063−1087.

实验三 语音关联对错误再认的影响

1. 实验背景

早在 19 世纪中叶，生理学家和心理学家就开始对知觉和记忆进行系统研究，有关感知觉错觉的系统研究比较早，它的普遍性和持久性已被众多研究者证实。然而对记忆错觉的研究则是在近几十年才开始的。记忆错觉方面实验研究较感知觉错觉在研究的深度和广度方面也有很大的局限性。在记忆错觉中，具有典型性的是一种称为有关联效应的记忆错觉，它所遵循的一般原则是，如果人们经历了一系列有密切关系的信息之后，人们倾向于将一些和呈现过的项目紧密相关的，但实际上并未呈现过的项目判断为是呈现过的项目。关联效应的实验研究一般采用如下的方法：被试先学习词表，然后进行再认测验。再认测验中通常包含一部分与所学单词有各种语义联系的诱饵（但不是学习词表中的项目），要求被试确定每个呈现单词是否在先前的学习词表中出现过，通过被试的正确再认率、错误率分析记忆错觉现象及其加工机制。

很多学者都进行了对语义相关的研究，比如有人通过研究汉语双字词尾音诱词得出不存在语音关联效应的结论。他们采用的词表是与关键诱饵有近音混淆的 15 个词，语音线索对语音错觉记忆没有显著的影响，当词表中的词包含最少而不是最多的近音混淆时，记忆错觉减弱，研究者认为记忆错觉的产生部分决定于语音相关列表项目和关键诱饵混淆度，也就是说关联反应的强度决定于项目间语音相似程度，此外，关键诱饵的词频、关键诱饵混淆词的密度和词频高于关键诱饵的列表项目的数目也都是重要的影响因素。

2. 实验目的

本实验采用 DRM 范式研究了汉语双字词的语音相关及关键诱饵的呈现对记忆错觉的影响。

3. 实验方法

实验材料：

实验材料包括：①学习阶段的 32 个词表，一个词表有 12 个词，所有词的词频均保证在20以上,这些词表有的包含关键诱饵,有的不包含(若包含关键诱饵,它可能出现在词表的 1、6、7、12 的位置上,各位置出现次数均为 4);另外,这些词表有的与关键诱饵语音相关,有的无关(这里是指词表的前半部分与关键诱饵的首字音近,即语音相同,但音调是前 2 或 3 个与其相同,后面的是其他三个音调均有,更相近的音调尽量向前排;词表的后半部分与关键诱饵的尾字音近)。这样学习阶段的材料就共分为 3 组,即"相关呈现","相关不呈现","不相关不呈现"。平均每个组有 8 个词表。②检测阶段的 40 个词,其中 8 个是填充材料,最终只接受 32 个词的结果。这 32 个词中 8 个是呈现过的关键诱饵,8 个是未呈现过的关键诱饵,8 个是呈现过的无关词,8 个是未呈现的无关词。呈现过的词出现的位置是词表的 1、6、7 和 12,因此无论是关键诱饵还是无关词都在这其中之一的位置上出现两次。

实验程序:

实验分为学习阶段和测验阶段两个部分。首先进入学习阶段,在这个阶段中,被试会听到连续播放的一系列词语,词语和词语之间有 2 秒间隔时间,要求被试在听完每个词语后大声跟读并且努力记住这些词语。中间有 35 秒的休息时间,在休息时间内,要求被试对刚才听到过的词语自由回忆。然后进入测验阶段,在这个阶段中,同样会给被试播放一些词语,有的在之前的学习阶段出现过,有的则没有出现过,要求被试对词语是否出现过做出按键判断。进一步,还要求被试做出"记得"(能够回忆)或者"知道"(能够再认)的选择。能够再认是指虽然被试可以肯定听到过这个词语,但是不能想起当时呈现词语时的情境。所有判断要求被试在 5 秒之内尽快做出判断。

4. 结果分析与讨论

记得(回忆)/知道(再认)(Remember/Know)程序是被普遍接受的一种元记忆判断程序,该程序在传统的再认测验的基础上,增加了被试对自己意识状态的评定,将再认分成记得和知道两种成分。记得成分(R)是指被试可以有意识地回忆起单词曾出现过的情景,如单词是如何呈现的,相邻的词是什么,呈现时被试正在做什么等,它反映了对情景记忆的有意识回忆;而知道成分(K)是指虽然被试可以肯定该词呈现过,但却不能再现它呈现时的情景,它反映了普遍的熟悉感,是流畅性加工的产物。以往记得/知道程序的大量实验表明,绝大多数虚报率都来自"知道"(即再认)反应。采用 DRM 范式来引发和测量虚假再认的过程中,一般会伴随记忆的参与。本实验采用汉语双字词作语音相关材料探讨语音相关能否引发记忆错觉,以及关键诱饵呈现与否对被试的再认的影响。对被试的反应时结果进行分析,发现语音相关可以引发记忆错觉,其强度较高。

参考文献

何海瑛,张剑,朱滢.(2000).DRM范式的关联性记忆错觉的综述研究.心理学动态,8(3),6–10.

何海瑛,张剑,朱滢.(2001).注意分散对虚假再认的影响.心理学报,33(1),17–22.

实验四 前瞻记忆

1. 实验背景

前瞻性记忆是一种对于即将执行行为的一种计划性和预示性的记忆现象,如记住在回家的路上买个面包,或者给某人打个电话留言。前瞻性记忆与回溯性记忆不同,回溯性记忆是回忆起过去做过的事情,这种记忆是对于过去的事件而言的,如回忆起某个电影的情节,或者是记住了某个实验中的单词表中的词语等等。在以往的实验中,多数是回溯性记忆方面的研究,对前瞻性的记忆研究得比较少。

可以将前瞻性记忆划分为两类:一类是时间性前瞻记忆,如记住10分钟后给单位办公室打电话;另一类是事件性前瞻记忆,例如给同事捎口信。个体对前者的记忆没有借助任何外部线索,记忆效果的好坏完全取决于个体自身对时间的检测。Harris和Wilkins(1982)描述了被试对时间性前瞻记忆的操作过程,并提出了 TWTW 模型(TEST–WAIT–TEST–WAIT),认为记忆成绩的好坏主要取决于个体的自我启动过程(Self-initiated-process)。对于事件性的前瞻性记忆,个体可以借助一些外部线索,并通过线索的提示来提取记忆信息,如给同事捎口信,这一记忆内容提取就是以看到那名同事这一事件的发生为前提条件的,那个同事就是一个外部线索。与时间性前瞻记忆相比,事件性前瞻记忆不需要过多的自我启动过程。

前瞻性记忆是受诸多方面因素影响的。前瞻性记忆任务的活动背景不同、年龄、目标熟悉性、任务难度等因素对前瞻性记忆均有一定的影响。如一些研究表明：老年人的前瞻性记忆比年轻人要差得多，在日常的生活中，事情多的老人在做事情的计划性方面和计划执行的方面可能会受到一定的影响。也有研究者在实验研究中对前瞻性记忆任务进行了研究，他们设计两个实验来考察不同年龄被试在前瞻性记忆方面的区别：一个实验是在考察前瞻性任务的时候加入记数的监控任务，加入监控任务后前瞻性任务的完成情况明显受到干扰。这种干扰对于不同年龄的实验者的影响达到了显著的水平。另外一个实验是增加选择任务数量，不同年龄的被试的前瞻性记忆同样受到不同程度的干扰，老年人受到干扰的程度显著高于年轻人。前瞻性记忆对于老年人的工作和生活都是非常重要的，它在不同情景中都会对老年人产生不同程度的影响。因此，前瞻性记忆的研究对于认识和了解老年人的记忆状况，提高老年人的生活质量有一定的指导意义。

2. 实验目的

本实验采用双任务研究范式，考察被试在判断真假词时对前瞻性记忆的回忆和再认情况，以及不同难度的实验材料对前瞻性记忆的影响。

3. 实验方法

实验材料和仪器：

实验材料共分为三组，第一组为真词，第二组为由错别字组成的假词（如权立），第三组为随机组合的假词。假词都是选用与字频的频率相匹配的。其中真词与假词的词频相同。其中真词40个，第一类假词100个，第二类假词100个，此外还有两个线索词为獾狼和狐狗，这两个词也是假词。

实验设计：

本实验是2×2×3的三因素混合实验设计。其中，目标词（外部线索）的熟悉性和词性均为被试内设计，任务难度为被试间设计。目标词包括真词和假词两个水平；熟悉性包括熟悉与不熟悉两个水平；任务难度包括高、中、低三个水平。

实验程序：

整个实验过程包括三个阶段的实验。①练习阶段：首先进行学习阶段的实验，实验目的是使被试对两个目标词产生不同水平的熟悉性感受。被试的任务是判断屏幕上出现的词是真词还是假词，如果是真词按 Q 键，如果是假词按 P 键。屏幕依次呈现 24 个词，其中真词 20 个，纯粹假词 2 个，同音假词 2 个，高熟悉性的目标词出现 3 次。所有词以随机形式呈现给被试。一半被试接受哪种实验材料组合完全是随机安排的。②为了考察被试的学习效果，特别是对目标词熟悉的程度，在学习阶段后，要求被试接受一个词语熟悉性调查表，调查表采用五点记分方式，被试对量表上的 10 个词的熟悉程度进行打分（其中第三个词为"獾狼"，第九个词是"狐狗"）。调查结果也可以作为对实验结果进行分析时的补充说明材料。③正式检查阶段：上述实验程序完成之后，进入正式检查阶段。检查阶段的实验包括两项任务，一个是实验自始至终都有的基本任务，即判断真假词，出现真词按 Q 键，出现假词按 P 键。另一项任务是随机出现的前瞻性任务，即当"獾狼"和"狐狗"出现时，既不按 Q 键，也不按 P 键，而是按空格键。为了使被试熟悉实验任务，先进行练习实验，然后开始正式检查实验。屏幕上将随机呈现 100 个真词，100 个假词，高、低熟悉性的目标词各 20 个。全部实验大约需要 30 分钟，计算机自动记录被试的反应时和正确率。

4. 结果分析与讨论

实验结果表明，熟悉性低的线索可以看作是一种新导刺激，它会更容易引起被试对前瞻性任务做出反应，因此，预期被试对熟悉性低的目标词的前瞻性记忆成绩要好于对熟悉性高的目标词的记忆。基本任务（相同性质）越难，越需要被试集中大量的注意，也就容易对前瞻性任务产生干扰，因此，可以预期基本任务的难度越大，前瞻性记忆成绩越差。被试对真、假词的加工也应有差别，被试对真词的反应快于对假词的反应。

自然条件下的实验是研究前瞻性记忆的一种常用的范式之一。本实验采用严格控制的实验室研究，采用的研究范式是双任务研究范式。被试在实验中接受两种任务：基本任务和前瞻性任务，基本任务是判断真假词，前瞻性任务是对目标词（外部线索）做出特定反应。根据前人的实验研究可以看出，前瞻性记忆是受到诸多因素的影响。关于汉语的真假词判断任务的强度对被试做出前瞻性记忆的反应是否有影响，以及不同熟悉程度的线索，被试的前瞻性记忆的情况是否有不同的表现,被试在不同的实验任务难度的情况下是否会表现出不同的差异,还需要进一步的探讨。

参考文献

Gilles, O. E., & Mark A. (1995). Aging and prospective memory: Examining the influences of self-initiated retrieval processes. *Journal of experimental psychology: learning, memory and cognition. 21*, 996–1007.

第五章　高级认知过程

实验一　句子理解速度测定实验

1. 实验背景

随着认知心理学的兴起,很多学者开展了对句子认知的研究,在句子识别以及句子的理解等方面取得了一些重要成果。研究表明,句子的形式会影响对它所表达内容的理解。McMahon 曾用匹配图形的方法来研究句子类型与理解速度的关系,结果表明:正确肯定的句子(TA)与图画匹配最快(约 1 s),正确否定的句子(TN)匹配最慢,错误肯定的句子(FA)和错误否定句子(FN)居中,并有如下公式:RT(TN)=RT(FA)+RT(FN)−RT(TA)(杨博民,1989,P. 371−373)。

2. 实验目的

了解句子理解速度测定的实验方法和程序。

3. 实验方法

实验程序:

本实验采用匹配图画的办法来测定不同类型的句子的理解速度。实验共有三幅图,分别是鸭子、教师和卡车。实验时从中选择一幅,呈现 15 秒钟,请被试认真观察之后,随机呈现关于此图的 16 个句子(正确肯定、正确否定、错误肯定、错误否定各 4 句)。请被试判断是否符合图画的内容,并按左键(符合)

或右键（不符合）做出反应。句子之间间隔 4 秒，连续做完 16 个句子。备选句子为 24 句，每种类型 6 句。若有反应错误的句型，则同类句型补做一句，最多允许错 2 个同类句型。为了消除反应错误引起的误差，每种句型有 2 个备选问题。实验时，某类句子反应错了，将在随后的实验中随机补做 1 个同类型的句子。同类型的错误最多允许 2 个。错误次数也可以是同类句型。

4. 结果分析与讨论

整理被试不同条件下的反应时。第一列是实验顺序，从 1 到 16；第二列为句子类型；第三列为反应时间，以毫秒为单位；第四列为被试的反应。然后计算每种句子类型的反应时间（可求出数个被试的平均反应时间），并据此画图，尝试作出解释。进一步可以求出本次实验中不符合实际含义的参数 f、否定语句参数 n 和对句子的基本编码时间的值。

参考文献

杨博民.（1989）.心理实验纲要.北京：北京大学出版社.

实验二　空白实验法

1. 实验背景

概念是事物本质的反映，是对某一类事物的概括。概念形成也称概念学习，是指个人掌握概念的过程。它是心理学的一个重要的研究领域，在现代心理学中已经有数十年的研究历史。关于概念形成曾经有好几种观点，但占主导地位的是 Bruner, Goodnow 和 Austin 提出的假设考验说。这种观点认为，人在概念形成过程中，需要利用现在获得的和已储存的信息来主动提出一些可能的假设，即设想要掌握的概念可能是什么，用这些可能的假设组成一个假设库。在概念形成的过程中，被试首先从假设库中取出一个或几个假设并据此做出反应，对假设进行考验。如果被试做出的这个反应被告诉是正确的，就继续使用这个假设，否则就更换假设，持续这个过程直到形成某个概念。

Levine 对概念形成过程进行了大量研究，并进一步发展了假设考验说。

1966年，Levine为了直接度量被试在概念形成的过程中的假设和假设考验的行为，提出了空白实验法（Black Trial Procedure）。这个方法的基本思想是让被试在主试不给予反馈的条件下，对一系列的刺激做出反应，那么就可能确定这种反应的基础即假设。这种方法可以客观地揭示被试在解决问题过程中的假设（王甦，汪圣安，2000，p. 240－275）。

2. 实验目的

学习空白实验法的具体方法和程序。

3. 实验方法

给被试成对地呈现两个刺激，例如字母 X 和 T。这两个字母还在大小、颜色（黑白）、横杠的位置（左右）等维度上有区别。这样就有四个维量，每个维量有两个值。在一对刺激中，两者在四个维量上有区别，但每次实验只安排一个属性为有关属性。也就是说，在一对刺激中，一个刺激为肯定实例，另一个为否定实例，只有一个属性将两者区分开来，并把这一点告诉被试。在这样的刺激安排中，共有 8 个可能正确的假设，肯定实例可以是大的、小的、黑的、白的、左边的、右边的、X 或 T。可以设想，在任何一次实验中，这 8 个假设中的一个将引导被试做出选择。

4. 结果分析与讨论

Levine 的实验的特点在于：他将四对刺激即 4 次试验作为一组，对被试进行多组试验。在这些试验中，主试对被试的反应不给予反馈，由此称为空白试验。Levine 的设想是，如果被试得不到反馈，他就没有根据来改变他对这些试验采用的假设。Levine 设计出包含空白试验的 16 次试验的程序，在这 16 次试验中，仅在第 1，6，11，16 次试验给被试以反馈（+表示反馈试验中的肯定实例），在两次反馈试验之间嵌入 4 次空白试验，不给被试反馈。这样做的目的是让被试能够获得足够的信息来掌握概念，同时又可以直接度量被试假设考验的行为。如果被试能够对反馈提供的全部信息进行最优加工，那么他在得到第一次反馈之后，就能从 8 个可能的假设中排除 4 个，剩下 4 个有待考验；第二个反馈又将从剩下的 4 个假设中排除 2 个；第三次反馈给被试留下一个正确的假设；而第四次反馈则对这个假设进行验证。两次反馈之间的空白试验可以对一个假设进行考验。应用这样的 16 次试验程序，不管被试是否能进行最优的信息加工，都可揭示被试假设考验行为或概念形成的过程。本实验采用类似的程序对概念形成的过程进行研究。

参考文献

王甦，汪圣安.（2000）. 认知心理学. 北京：北京大学出版社.

实验三 对字面理解和非字面理解的实验研究

1. 实验背景

心理学家对语言的研究多集中于语音、语义和语法，而语言本身的研究则相对较少，而且其中主要是在英文语境中进行的研究。从语用学角度分析，每个语句都包括交流意图言语行为和言语结果。语音、语义和语法三者所构成的语言符号系统本身仅仅是语言运用的一个基本方面，如果离开了语言使用者及其交流意图而孤立地研究语言本身，就无法充分揭示语言的意义。因此，研究个体对语言表达的意义的加工对于探讨语言规律及其神经机制有重要作用。

Austin（1962）最早探讨了说话者的意图和他的语言表达之间的关系，并对语言表达形式进行了区分。他将说话者的实际话语称为言内行为；听话者对话语的理解叫言外行为；话语对听者的影响是言后行为。也就是说，语言的表达与交流是一个交互的过程，因此，当一个人说"这儿很热"时言内行为是一个简单的陈述句，但是听者可将之理解为打开窗子或空调的请求，听者于是会站起来开窗子或空调，而无论是开窗子或空调都是这句话的结果。

言外行为又称言语行为（Speech Act）（Bach & Harnish, 1979; Katz, 1977），言语行为可按其功能来组织（或者叫解释），即言语行为可按所说的意图来组织。当我们想表达一个愿望的意思时，只有几个语言结构是适当的（"Let me congratulation！""祝贺你"）；当我们使用不适当的语言结构的时候，如疑问句（"I guess I should congratulation you, shouldn't I" "我猜我应该向你祝贺，是不是"），听者就会认为我们并不是真心欣赏这件事。

Giora（1997）提出了句子理解的系列加工与平行加工的问题，他认为对句子的理解和加工应该从词义通达、句子意义建构以及句子深层含义的理解等不同层面分开来理解，单纯地提出简单性原则来概括所有水平上语言的理解是不恰当的。对这个问题的研究应针对非字面意义理解的影响因素，在不同水平的非字面意义理解的加工过程以及它们的影响因素等。

"言外之意"在语言交流中起着重要的作用。本实验通过一种非常典型的语用成分——反语（语义与字面意义相反）为背景，对反语在句子理解中的作用做初步的探讨。本实验就是希望通过事先给定的情景为理解反语或讽刺提供一些必要的线索。然后让被试在后面对带有关键词的句子从左到右，逐个词理解句子，并记录被试理解整个句子和关键词的反应时间。从逻辑上讲，对带有反语或讽刺的句子的加工时间要长于与事实一致的句子的理解。因此，在设计句子材料时，选择的句子是一个句子带有反语——非字面理解的句子与另一个字面理解的句子（没有反语）的句子结构和表达形式是完全一致的，只不过意义相反。

2. 实验目的

本实验通过两种不同表达形式的句子，运用反语和与之对应意义相反的肯定句子探讨字面理解与非字面理解对句子理解过程的影响。

3. 实验方法

实验材料：

本实验用到的材料为以句子材料为反语和与之对应的意义相反的肯定句子，每个句子均以词为阅读单位逐词出现。材料还有关于两类句子合理性和典型性的判定，这是筛选例子的标准。如给被试呈现一段情景描述，其中一段的描述与孩子的表现无关；另一段描述一个孩子把自己的房间弄得很乱，这时他的母亲进来，接着呈现母亲看到房间的情景后所说的话（这句话是谁说的在上下文会明确地给出），也是我们重点记录的关键句子。例如：①把 看你 房间 弄得 这么 干净！——这句话很直接（A1），与事实相符。

②把 看你 房间 弄得 这么 干净！——这句话是反语（B1），与事实不符。

实验设计：

在确定60个情境与60对两类句子后，在其中选出24对句子和24对与这些句子对应的情境图片，句子与描述分成四个条件，分别为 A1　B1　A2　B2，句子 A1 与 B1，A2 与 B2 完全相同，但由于情境不同，对同一个句子的理解会不同。同一个被试只能接受一个句子的一种情境，具体实验处理安排如下：

在区组 1 的被试中接受如下顺序的实验处理：A1　B2　A2　B1

在区组 2 的被试中接受如下顺序的实验处理：A2　B1　A1　B2

两种句子类型的呈现比例为 1∶1，两者总数目相同。

实验程序：

实验时，被试坐在距显示屏幕正前方约 45 米处，屏幕为白色背景，首先在屏幕上呈现一段说明或一幅画以告诉被试具体情境，在被试确认后按键进行实验。实验开始，在屏幕上呈现一条下划线，之后依照箭头给出的顺序逐一呈现句子的构词单元，每个单元的呈现时间长短由被试控制。在实验之前呈现如下一段指导语："下面是一个情景理解的实验，实验要求你先仔细阅读一段话，当你确信已经理解这段话后，请按键继续。首先会在屏幕上呈现一条下划线，点击空格键后表示'开始'，你首先会看到窗口中逐词呈现的一个句子，被试每按一次键，当前词即消失，同时下一个词出现，这样直到一个句子呈现完毕，实验要做多次。请你根据句子的描述判断与前面的情境是否一致，明白上述的指导语后，按空格键开始实验。"整个过程被试要完成 48 个情境，每做 16 个情境，休息 3 分钟。

4. 结果分析与讨论

对实验结果的统计首先要计算不同情境下句子类型对句子理解速度的平均反应时，并进行统计检验，考察不同类型句子与情境对匹配句子了解过程的影响。

在对句子进行非字面理解和加工时，大脑对句子意义的加工是主动的，在某种程度上是自动化的，如我们在理解一个句子（"他的方法真棒。"）的确切含义之前，首先必须对"棒"字的实际含义进行理解、然后再进行解释，理解这个句子的真正意义。当句子与情境是互相匹配的、理解的过程是直接与迅速的、没有进一步解释的过程时，而多数反语或讽刺的句子则在一个句子与情境的匹配的过程时，需要在匹配之后进行进一步的解释，这样才能明确句子的真正意义。反语或讽刺是可以产生某种戏剧性效果的一种语言形式，这类句子的意义与说话者表达的意义恰好相反，因此，它是非字面意义句子中的一种典型情况。如"那真是杯不错的咖啡"，如果这句话出自一个喜欢咖啡，但对咖啡感到不满的人，句子表达的实际意义是咖啡的口味很糟，对咖啡店的经营和服务表示不满；但如果这话出自对这家咖啡店的主人善意赞扬的人，则表示一种认可与表扬，由此可见，要对反语进行恰当的理解就需要对说话者的交流意图进行鉴别，了解说话者所持的心理状态。而从外部表现来看，具体的情况为理解反语的实际意义提供了线索。

参考文献

张必隐.（1997）.阅读心理学.北京：北京师范大学出版社.
John，B. Best.（黄希庭译）.（2000）.认知心理学.北京：中国轻工业出版社.

实验四　爱荷华博弈任务

1. 实验背景

IGT（Iowa Gambling Task）爱荷华博弈任务是运用最广泛的情感性决策研究方法之一，最初是由Iowa大学的Bechara所提出的一种模拟现实生活的决策实验方法。该任务包括1、2、3、4四副纸牌。要求被试每次在其中任何1副中选择1张牌，以获取最大收益而尽量避免损失，实验中不告诉被试进行多少次选择。根据最终的净收益或净损失，将被试对1牌和2牌的选择定义为不利选择，而将对3牌和4牌的选择定义为有利选择。

有研究者提出在Iowa博弈任务中涉及了三种能力：第一，是对未来情景设想的能力，并能为这种设想所引发的情感所推动；第二，具有抑制并逆转先前习得的一种刺激（奖励）可能性的能力，个体能够根据外界的反馈，灵活地调整自己的行为；第三，在多次重复选择中计算奖励和惩罚的能力。IGT实验强调奖赏和惩罚相关的学习对决策的影响，旨在考察被试每次选牌后的即时收益及可能面临的惩罚（损失）反馈对其改变随后选牌倾向所产生的影响，被试选择纸牌的倾向反映其冲动性决策行为的强度。IGT爱荷华博弈任务包括以下3种主要的心理成分：工作记忆、抑制控制和转换、归纳推理或模糊计算。

2. 实验目的

用来考察在简单决策情景下，被试的行为倾向。

3. 实验方法

实验材料：

4副纸牌标明1、2、3、4供被试选择。

实验设计：

单因素重复测量实验设计，自变量为选项的类型，有两种水平，长期高效用价值和长期低效用价值；因变量为选择两种选项的次数。

实验程序：

实验开始时，被试首先阅读屏幕上呈现的指导语：欢迎参加本次实验！在实验中，你将看到1、2、3、4四张纸牌，每张纸牌都有赢或输的可能。请在键盘上按纸牌背面的字母来进行选择。每次选择后会反馈当前选择的得分（第一行），以及目前的总分（第二行）。实验开始时的分数为0分，请在实验中尽量获取最大得分。明白以上说明后，请按"确认"按钮开始实验。实验中，首先在屏中央同时显示4副背面向上的纸牌刺激，要求被试根据计算机提示（"请选1张牌"），以鼠标点击方式完成纸牌选择。每选中1张牌，计算机随即显示被选牌的正面，同时在该牌上方反馈该牌的收益和损失额。每次实验结束后，被选中牌的正面消失，且不再参与随后的选择。实验共100次。计算机自动记录每次选择的牌序、收益额及损失额。完成本实验平均需要约25分钟。

4. 结果分析与讨论

将每个被试的两种选择进行统计分析，配对样本T检验可得结果。实验结果显示，普通人起初往往被纸牌1和2提供的更大获益所吸引，但经历了更多的惩罚之后，就学会选择纸牌3和4，因为它们可以提供更好的长远利益。然而，一些决策能力有缺陷的人在实验中无法学会选择效益更大的纸牌（3和4），往往只从纸牌1和2中做出选择，而不考虑纸牌3和4。

参考文献

Bechara, A., Damasio, H., et al. (2000). Decision Making and the Orbitofrontal Cortex. *Cerbral Cortex*, *10*(3), 295-307.

实验五　认知方式的测量方法——棒框实验

1. 实验背景

棒框实验是用来测定场依存性和场独立性的方法之一，该实验是通过棒框仪在暗室中进行的实验，具体操作是通过调节棒框仪的棒和框的倾斜角度，让被试把棒调整到与水平面垂直。根据其调整时误差的大小，确定被试使用的参照是内在的还是外在的，从而确定被试认知方式是属于场依存性还是场独立性，棒框实验是研究个体认知方式的重要方法，此外，镶嵌图形测验也可以测量个体的认知方式。

2. 实验目的

通过测量认知方式，学习棒框仪的使用方法。通过棒框实验，证明直线图形后效现象、场依存性和场独立性，以及图形后效的大小与直线倾斜角的关系。

3. 实验方法

实验材料和仪器：

实验需要用到棒框仪和秒表。棒框仪的结构：方框：150 mm*150 mm；棒：135 mm*1 mm；暗箱：360 mm；棒长视角：21.2 度；调节角度：0~90 度；体积：30 mm*280 mm*135 mm。

通过棒框仪呈现不同角度的线段，让被试调节线段与水平面垂直。

棒框仪的使用方法：

A. 将棒框仪放置在水平的实验桌上，打开暗箱，安装好调节杆。

B. 根据棒框仪的水平仪，将棒框仪调节至水平，将棒框仪上的亮线调至与水平面垂直。

C. 主试按照刺激呈现的顺序呈现刺激，被试通过调节杆调节棒的角度。

D. 主试按照刻度标尺的刻度记录结果。

实验程序：

实验首先确定亮线的实验角度为 5、15、25、35、45 度，每个角度分别做 4

次。为排除练习误差、疲劳误差和空间误差,实验角度按随机方式呈现,且在做每个角度的 4 次实验中 2 次为左侧(-)呈现不同角度的线段,2 次为右侧(+)呈现不同角度的线段,其他角度的呈现方式相同。实验顺序表如下。

表 2-5　实验角度与刺激呈现表

随机顺序 角度	呈现刺激的位置			
	左(-)	右(+)	左(+)	左(-)
5				
15				
25				
35				
45				

实验在暗适应条件下进行。正式实验时,实验前被试端坐在暗箱前,暗适应 7~10 分钟。主试按照随机顺序表进行实验呈现刺激,每个角度要求被试注视亮线中间部分 1 分钟,主试计时。并对被试说如下指导语:"现在请你注意观察暗箱的棒和框,并通过调节杆调节棒的角度,使之与水平面垂直,当你觉得棒与水平面垂直时,就报告'调节完毕',每次判断垂直的标准要尽量一致。现在准备开始实验。"1 分钟后,被试闭目休息 2 秒钟,然后开始调节亮线,直至被试感觉到亮线与水平面垂直为止。主试记录被试调节后亮线的角度误差值,并记录是正还是负,将结果填入记录结果分析与讨论。每 4 次实验后,被试闭目休息 2 分钟。

其他被试用同样的方法和程序进行实验。

4. 结果分析与讨论

本实验对实验结果的分析需要计算出每个角度下被试的角度误差值,检验不同角度下误差是否存在显著差异。为了清晰地看出各个水平下的差异还可以画出角度与后效的关系曲线,并根据实验的结果判断被试的认知方式。场独立和场依存是两种典型的认知方式,认知方式的判断对授课、教学以及授课教师与学生的匹配均有很大的指导作用。

实验六 停止任务实验

1. 实验背景

停止任务最早的使用者是 Logan，是指通过计算机向被试呈现一系列刺激，并告知被试，如果屏幕出现了某种刺激，就按键盘上相应指定的按键，要求被试准确而快速地完成这个任务。重要的是，如果听到作为停止信号的某个特别声音，则停止按任何键。停止任务涉及的几个重要变量分别为停止任务反应时（GRST）、反应率（PR）、抑制率（PI）、反应任务反应时（SSRT）、停止信号延迟（SSD）等。其中反应任务反应时不能直接得到，而是通过反应时和抑制的成功或失败来间接得到。停止信号延迟是指靶刺激和停止信号间的时间距离。

2. 实验目的

停止任务测量的是停止一件正在执行的任务加工的时间。学习停止任务实验，研究与执行功能密切相关的抑制控制。

3. 实验方法

实验材料：

实验开始注视点为白色"+"，位于屏幕中央，视角为 0.76°*0.8°，然后在"+"字左右 0.8°视角处随机出现白色大写字母"X"和"O"，字母视角为 0.8°。停止信号为一个 1000 Hz，100 ms 的声音，响度以耳朵舒适为准。

实验程序：

实验共有 4 个 Block，每个 Block 中含有 128 个 trails，其中 75%为反应 trails，25%的停止 trails。实验开始前进行练习实验，以便让被试熟悉实验任务。正式实验时，计算机屏幕上首先呈现 500 ms 的白色"+"，背景为黑色。接着呈现白色字母，持续 1000 ms，要求被试在此期间进行反应。

4. 结果分析与讨论

停止任务的基本假设有两个。其一是反应任务和停止任务之间是相互独立的，其二是停止信号加工的时间是恒定的。在这两个基本假设下，研究者可以通过反应时函数和停止任务抑制率来估计停止任务的反应时。而对于反应任务来说，反应过程是一种选择操作，包括对刺激的认知，反应的选择和反应的准备与执行。停止任务的过程就包括了检测到停止信号以及对反应的抑制。

在伴随停止信号出现的停止 trails 中，字母与声音之间的 SSD 初始值为 250 ms，通过第一次停止 trail 抑制成功，则下一次的 SSD 变为 300 ms；如果失败，下一次则变成 200 ms。也即，每一次 SSD 都要根据上一次的抑制成功或失败而相应加减 50 ms。SSRT 的极端采用了追踪法，追踪法计算精确简单，同时也考虑了被试在反应任务中可能运用策略来提高反应速度，尽量减少被试的策略对反应时的影响。

停止任务也是用来研究多动症儿童与正常儿童反应抑制差异的经典模型。研究者也曾用这种范式来研究睡眠方面存在障碍的人群与正常人群在反应抑制上的差异。可见，停止任务的应用是非常广泛的。

参考文献

Logan, G. D., Cowan, W. B., & Davis, K. A.（1984）. On the ability to inhibit responses in simple and choice reaction time tasks: A model and a method. *Journal of Experimental Psychology: Human Perception and Performance*, *10*, 276-291.

Logan, G. D., & Cowan, W. B.,（1984）. On the ability to inhibit thought and action: A theory of an act of control. *Psychological Review*, *91*, 295-327.

第三篇

最新经典实验

第一章 认知实验

研究一 颜色与音乐之间的关联

1. 研究背景

在过去的一系列的科学实验中,科学家们已经发现了音乐与颜色之间存在联觉这个令人惊奇的现象。有的科学家发现,有一部分人在聆听音乐的同时眼前会呈现出各种各样的颜色,这样的人不乏著名的画家(如 Kandinsky & Klee)和音乐家(如 Scriabin & Rimsky-Korsokov)。然而科学家无法总结出一个规律来概括这一现象,因为这样的现象只在少部分人身上出现。不过对于剩下的人来说,他们也是具有声音—颜色联觉的,只是在聆听音乐的同时他们的眼前并没有出现颜色而已。对于所有人来说,声音和颜色之间总是具有固定的联系的——无论是谁都会将高亢的音符和亮丽的颜色联系起来。比如,像黄色和比较亮的绿色对应着高音;红色和橙色对应着中音;而黯淡的蓝色和紫色对应着低音,即使是小孩子也会具有这样的联想——虽然这还可能和他们的生长环境相关。除此之外,科学家们还发现了多对视觉—听觉之间的联觉,例如音色与颜色饱和度、响度与颜色亮度、音高与外形大小之间的联觉。

科学家们找到的有关音乐—颜色之间的联系还有:Bresin 发现大调音乐会使人们想到更亮丽的颜色,而小调音乐使人们联想到更深沉的颜色,可是他只用了两段旋律进行实验,并不具有代表性;Sebba 通过研究发现与深沉的小调音乐相比,学生们在聆听明快、开朗的大调音乐时更富有创造力,可惜他也仅采用了莫扎特和阿尔比诺尼的两段音乐而已;Barbiere 研究发现"灰色"通常和令人忧伤的音乐联系在一起，而"红色"、"黄色"、"蓝色"、"绿色"会使人想到令人快乐的音乐，不过在他的实验中也仅采用了四段音乐而已，更重要的是，在这个实验里并没有任何的颜色出示，仅是用口头的语言来进行替代。

2. 研究目的

虽然已经有过一些有关音乐—颜色的联觉实验，但这些实验中都存在着各自的问题。对于大多数不具备音乐与颜色之间的联觉的人，又是如何将音乐与颜色联系起来的呢？现在普遍有两种假说来解释这个问题。一种假说认为对于每个人来说，颜色和音乐之间都有一个直接的关联，并不需要中介物质相连接；另一种假说则认为音乐和颜色之间是通过情绪相联系的。人们究竟是如何将音乐和颜色相互联系起来的，这一点值得我们继续通过实验进行研究。

3. 实验方法

3.1 实验一 颜色、音乐与情绪之间的联系

我们根据 Berkeley Color Project 选取了 37 个颜色，这些颜色是根据色调、亮度饱和度等指标系统地、均匀地选取的。对于选取的 8 种基准色，我们取用其 4 种不同状态下的情况——饱和（S）与不饱和（M）；明亮（L）与暗淡（D）。取用的颜色中还加入了黑色、白色和几种不同的灰色，具体颜色见下图（图中有 38 个色块是因为明亮的灰色和暗淡的灰色相差不大）。

我们一共准备了 18 段具有不同特点的经典西洋交响乐，参与的被试每人在聆听 18～50 秒音乐的同时浏览这 37 个色块。听过音乐之后我们要求被试从这些色块中按照与音乐相关程度由大到小选出最相关的五种颜色，再按照相关程度由小到大选出与音乐最不相关的五种颜色。为了了解被试听过音乐之后的情绪，我们询问被试这首乐曲带给他的感觉是怎样的，要求他为这首乐曲的"欢乐"、"悲伤"、"愤怒"、"平静"、"强势"、"弱势"、"活泼"、"枯燥"八个指标做出范围为 –100 到 +100 的评分。此外，我们还要求被试为自己选出的颜色的"红—绿"、"黄—蓝"、"明—暗"、"饱和—不饱和"四个指标进行评定。收集被试的结果并进行整理。

根据统计结果，我们可以看出，节奏较快的音乐通常会和饱和的、明亮的、偏向黄色的颜色联系起来（这样的颜色也给人以温暖的感觉），而节奏较慢的音

乐通常和不饱和的、暗淡的、偏绿色的颜色联系起来。

接下来我们又将各种颜色的情绪评分进行统计，并将其中两组结果——"欢乐"与"悲伤"、"强势"与"弱势"的相关结果整理在一个二维的平面直角坐标系中，从中我们不难看出，红、黄类的颜色与欢乐、强势的特点联系比较密切，而蓝、绿类的颜色和悲伤、弱势的特点相关。接下来我们又将选取的18份音乐片段的音乐节奏、大调与小调和作曲家进行分析，并将统计结果整理出来。结果发现，节奏速度适中或偏快的音乐更容易使人联想到快乐、轻松的事情，而节奏较慢的音乐更容易使人想到抑郁、沉重的事情；大调音乐更容易使人产生积极、阳光的情绪，而小调的音乐让人心里变得安静平和；莫扎特的音乐可以给人带来积极快乐的情绪，巴赫的音乐则能够使人的心绪得以安定，而勃拉姆斯的音乐介于二者之间。

由此可见，情绪是连接音乐和颜色之间的桥梁。人们在看到某种颜色和听到某种音乐时会联想起同一类的情绪，因此这很可能就是音乐—情绪的联觉产生的原因，也很可能就是我们大多数人在聆听某段音乐时会想起某种颜色的原因。

3.2 实验二 颜色、面部表情与情绪之间的联系

在实验一中我们得出了一个结论：颜色和音乐之间是以情绪连接起来的。如果说我们看到某种颜色会联想起相应的情绪的话，那么它也会对与情绪有密切关系的事物有所反应。面部表情可以直接反映一个人的情绪特征，如果一个人看到某种颜色会想起相应的情绪，那么他也会对相应的面部表情有所反应。根据此原理，我们开展了实验二进行验证。

实验二中所有的实验条件均和实验一相同，唯一的区别是我们将音乐选段换成了灰色的男女头像的卡片，头像分为高兴、悲伤、愤怒三种不同的情绪和0%、50%、100%三种不同的程度。我们将实验结果进行了统计，结果表明，平静的表情会使人们联想到相对温和、具有一定饱和度的冷色，例如淡蓝色和淡绿色；而悲伤的表情使人们更多地联想到阴暗的、不饱和的冷色，例如蓝黑色和灰绿色；快乐的表情使人们联想起明亮的、高饱和度的暖色，例如亮黄色、橙色和红色；而生气的表情则会使人们想起暗红色之类的颜色。由此可见表情所代表的情绪和各个颜色之间的确有着某种密切的联系。人们在看到某种表情的同时就会想起相对应的颜色。

接下来我们又运用音乐和面部表情做了相同的实验，得到的结论也是类似

的：人们在看到某种表情时所联想到的情绪也会和听音乐时联想到的情绪联系在一起。

4. 讨论

通过这次实验，我们可以得出这样的结论：在视觉—听觉这样的联觉中，二者之间的确需要依靠"情绪"来相互联系。人们通常都是根据自己所接收到的信息联想到相应的情绪，再根据情绪去寻找对应的信息。虽然有的科学家认为这个实验还有一些不足之处，但是这个实验已经充分地证明了视觉—听觉的联觉中"情绪"这一环的重要关系。

参考文献

Stephen，E.，Palmera，et al.（2013）. Music color associations are mediated by emotion. *Proceedings of the National Academy of Sciences*，*110*，8836-8841.

研究二　网络搜索改变大脑记忆方式

1. 研究背景

近十年来，人类获取信息的能力突飞猛进地增长。如果我们想知道一场球赛的比分，了解如何完成一项复杂的统计测验，或者仅仅是想知道某部经典电影女主角的名字，我们只需要打开电脑或者手机就能马上找到答案。谷歌等搜索引擎俨然已成为我们可以随时访问的"外部记忆存储器"。其实，在电脑出现之前，在外部存储信息就并不是什么新鲜事。人们在长期的社会关系、工作环境中形成了交互记忆。有研究发现，结婚时间长的夫妇会依赖对方做自己的"记忆库"，想不起问题答案时，会向对方求助，这被称为"交互记忆"，具体是指当我们知道何时以及如何存取信息时，记忆可通过外部协助完成。

2. 研究目的

本研究的目的在于对人类来说，搜索引擎是否在记忆的过程中扮演了交互记忆这一角色。

3. 实验方法

3.1 实验一

被试：46名大学生（28女，18男）

实验材料：要求被试回答16个容易和16个难的问题，在每组问题之后，完成改版的stroop效应：用目标词代替颜色词。词语用蓝色/红色来呈现，按相应键来判断颜色。同时，还需记忆6位数字，造成被试的认知负荷。颜色命名中包括8个与电脑和搜索引擎相关的词（google, yahoo, screen, browser, modern, keys, internet, computer），16个无关词（target, nike, cocacola, Yoplait, table, telephone, book, hamer, nails, chair, piano, pencil, paper, eraser, laser, television），随机呈现，词频一致。被试对问题的难度和刺激材料的分类没有察觉。

程序：被试首先回答一组简单/困难的题目，之后完成调整后的stroop任务。

结果：在看到困难和容易问题之后，被试都表现出对电脑有关的词的颜色命名反应比对中性词的颜色命名反应更慢。而在困难问题下，这种差异更显著一些。说明人们无论是在遇到困难问题还是一般性知识问题时，都对电脑有关的词投入了更多的注意，因而干扰了颜色命名的加工。并且，人们在遇到困难问题时更倾向于求助网络，寻求答案。研究者还进一步考察了具体的搜索引擎名称（Google、Yahoo等）和一般的消费品品牌名称（Target、Nike等）在两种问题条件下的差异，发现在困难问题条件下，搜索引擎名称的颜色命名反应时较慢。说明，搜索引擎概念在人们的记忆中十分突出，遇到问题时，人们倾向于想去求助它们，在网络上寻找出答案。该研究表明，尽管人们知道答案，遇到一般性问题也会想到电脑，但是在遇到困难问题，不知道答案的情况下，会启动人们找寻答案的欲望，求助于搜索引擎。

3.2 实验二 – 实验四

接下来，研究者想要考察如果信息可以在网上搜索得到，人们是否还会去记忆它们。在实验二中，研究者要求被试阅读并在电脑上输入40个陈述句。一半被试被告知电脑会保存下他们输入的内容，另一半被试被告知这些内容会被清除。两种条件下，都要求其中一半被试记忆的内容，而对另一半被试不做记忆要求。最后，让被试进行回忆和再认。结果发现，在被告知保存条件下，被试在之后的回忆任务中表现更差。而在是否被要求记忆两种情况下，被试的回忆任务并没有差异。表明被试依赖电脑，将电脑作为外部记忆存储系统，知道信息被保存下来在之后还可以搜索得到，所以不去记忆信息。被试更多是被信息能不能够再被获得（有没有被保存）而影响，与他们是否认为之后要完成回忆任务无关。

在实验三中，研究者考察了人们对网络上信息储存位置的记忆。被试在电脑上阅读并输入陈述句。每次输入之后会随机出现三种提示被试的情况：输入的内容被保留了；输入的内容被保留到 X 文件夹了；输入的内容被清除了。然后在轻微改变句子内容的情况下，要求被试回答三个问题进行再认：之前见过该句子吗？该句是被保留了还是清除了？被保存到 X 文件夹了？结果发现，在第一问题下，被试对清除了的信息再认情况最好。而在第二个问题下，被试对保留的信息比清除的信息再认效果好。研究者认为这是因为知道以后不能再获得信息，加强了对信息本身的记忆。而知道信息被保存了，则加强了对信息可以再获得的记忆。在第三个问题下，被试记得更多的是信息被清除了，而不是信息被保存了以及保存的位置。研究者认为这和我们的日常生活经验一致：我们记得在网上看到过这个信息，但是并不记得在哪里见过，也不记得当时是怎么找到这个信息的。但是，在实验三中研究者的假设并没有得到验证。研究者们将其归因于所选用的实验任务。我们在回答别人问题时，是需要回忆信息，而不是再认。

因此，在实验四中，研究者改变了实验任务，采用回忆任务考察人们是否倾向于回忆信息的位置而不是信息本身。要求被试在电脑上阅读句子，在输入之后得到提示"信息被保存在 X 文件夹中了"。然后进行十分钟回忆任务，最后，向被试呈现被保存句子的标识特征，要求被试回答保存信息的文件夹的名称。结果发现，被试对信息保存位置的回忆成绩好于信息本身。另外，研究者综合四个实验的数据分析发现，人们如果知道信息，便不去记忆位置。但是当人们想不起来信息时，人们确实记得信息的位置，以便借助网络、电脑等搜索到信息。

4. 讨论

此研究显示，我们容易忘记那些我们相信能够轻易在网络上找到的信息，而对不易在网络上取得的信息记忆较深。同时，我们也更能够记得在哪里找得到信息，而不是记住信息本身的内容。网络已成为"交换记忆"的一种主要形式，人们想得到资料，无需花很大力气。我们可"Google"旧同学，上网找文章或搜寻个别演员资料。这项研究并未暗示 Google 是否影响人类智能，但确实指出，Google 已使人们在寻找信息的行为上变得更加复杂，而这未尝不是好事，因为我们可以不用再费力记忆一些随手可得的信息，而将大脑用在更有创造力的事物上。

参考文献

Sparrow, B., Liu, J., & Wegner, D. M.（2011）. Google effects on memory: Cognitive consequences of having information at our fingertips. *Science*, *333*, 776-778.

研究三 情绪身体地图的绘制

1. 研究背景

外界刺激致使人们情绪发生变化时，身体总能先一步做出反应。经由植物性神经系统，我们的身体能够对血液流速、神经递质分泌量等因素进行调节，进而使身体产生变化，然后更好应对接下来发生的状况。因而，情绪加工理论认为，主观的情绪感受是由相关的躯体感觉决定的。这种关系反应在肌肉、神经内分泌以及自主神经系统中。这些有意识的感觉反馈有助于个体自主地调节行为以更好地适应环境的变化。尽管情绪和躯体感觉变化存在着十分密切的联系，但是，躯体感觉变化是否与不同的情绪相关，与情绪相关的躯体感觉分布仍然是未知的。而在最近的一项研究中，来自芬兰的科学家则进一步根据人们在经历某些情绪时的反应，绘制了人体的"情绪地图"，发现不同的情绪状态与截然不同的、在文化上有普遍性的身体感觉有联系。

2. 研究目的

绘制人体的"情绪地图"，发现不同的情绪状态与身体感觉之间的联系。

3. 实验方法

被试：实验 1a，302 名芬兰被试（平均年龄 27 岁，261 女）；实验 1b，52 名瑞典被试（平均年龄 27 岁，44 女）；实验 1c，36 名中国台湾被试（平均年龄 27 岁，21 女）。

刺激材料：情绪词。六种"基本情绪"（愤怒、恐惧、厌恶、快乐、悲伤以及惊讶）和七种"复合情绪"（焦虑、爱、抑郁、轻蔑、骄傲、羞愧以及嫉妒）。词语随机呈现。实验 1a 中，词汇是芬兰语；实验 1b 中；词汇为瑞典语；实验 1c 中，词汇为闽语。为了控制瑞典和闽语的变异，首先将芬兰语情绪词和指导语翻译为瑞典语和闽语，然后再据此译芬兰语以保证语义的一致性。

程序：实验通过 emBODY 完成。给被试呈现两个人体轮廓图，轮廓图上没有标识具体的人体结构。被试根据看到情绪词汇时的身体变化情况，分别在左右两个人体轮廓图上点击鼠标标示出身体被激活和被抑制的区域，并输出形成图像。在标示时，红色表示身体的某些区域被激活（感觉活动变强或加快）；而蓝色代表被抑制（感觉活动变弱或减慢）。在实验结束后，研究人员将参与者上色后的主观激活—抑制区域图加以整合分析。

结果：在感受基本情绪时，胸部以上区域明显被激活，这一变化可能与呼吸、心率的改变相关。无论经历哪种情绪，都有激活头部感觉，可能说明了所有情绪都引起了面部的生理和主观感觉的变化。在经历愤怒和愉快时，人体的上肢感觉激活最为明显，而肢体感觉的减弱是悲伤情绪的典型特征。厌恶则引起消化系统和喉部感觉的明显变化。与其他情绪相比，在经历愉快情绪时，全身所有区域的感觉都被增强了。不同复杂情绪引起的身体感觉分布差异性较小，恐惧和悲伤表现出身体感觉分布的高度一致性。为了确认文化是否会对情绪引起的身体感觉变化分布产生影响，研究者比较了瑞典、芬兰和中国台湾被试的身体感觉分布情况，发现作为东亚文化代表的中国台湾被试与瑞典和芬兰被试差异不显著，说明情绪的身体感觉可能在文化上具有普遍性。

在随后的研究中，研究者通过不同的情绪激活方法（故事、影片、面部表情图片）来绘制图像，结果发现即使使用了不同的情绪唤醒方式，被试绘制出的情绪的身体感觉图与实验 1a 也具有较高的一致性。

4. 结果和讨论

该研究表明，不同的情绪存在相应身体区域的感觉变化，并且这种情绪身体感觉具有文化普遍性。情绪与身体感觉之间的这种联系可能有助于更好地理解诸如抑郁等情绪障碍，该研究的重要意义就在于揭示了情绪能够影响全身功能，有助于我们理解不同情绪性疾病，对人类有重要作用。

参考文献

Nummenmaa, L., Glerean, E., Hari, R., & Hietanen, J. K. (2014). Bodily maps of emotions. *Proceedings of the National Academy of Sciences*, *111*(2), 646–651.

研究四 冥想训练提高注意力

1. 研究背景

冥想（meditation）又称为静坐或禅定。它主要是将精神专注于一个目标上，或集中注意在现在这一刻。包括一些不同的类型，比如集中冥想、开放式冥想、正念冥想等。心理训练也有几个要素，例如身体放松、呼吸练习、心理想象练习和心智觉知，这些可以帮助参与者达到冥想状态。近些年，有一些研究显示了不同形式的冥想和正念训练的功效。其中一部分是对比有不同冥想训练的被试和没有任何训练的被试。另一部分是对比已经选择是否参加训练的两组，而这两组在训练前表现是相同的。其中有一个典型的实验结果是这样的，实验组的被试接受三个月的训练，控制组由想要学习了解冥想的被试构成。这个研究会分析两组的注意力和注意瞬脱。在冥想之前两组表现是没有差异的，而在冥想之后实验组的表现显著变好。这显示了冥想可以改善执行注意网络，特别是在此任务中使用的注意。但是这些研究都存在一些问题：实验组和控制组没有完全随机分配；实验组进行的冥想训练的类型非常不同；等等。

2. 研究目的

探讨短时间的冥想训练是否可以影响与自我调控有关的执行注意网络的效率。

3. 实验方法

被试： 大连理工大学健康大学生80名，44名男性和36名女性（平均年龄21.8 ± 0.55），都没有任何冥想训练的经验。将被试随机分配到实验组和控制组（40：40），实验组要连续5天、每天20分钟的IBMT（身心合一）训练，控制组接受相同时长的身体各部位放松的训练。

方法和程序：

身心合一训练（IBMT）。在20世纪90年代在中国出现。IBMT是通过简洁的引导来达到理想状态，它并不需要控制思维，但依然会达到一种既放松又机敏的状态，可以对自己的身体、呼吸、外界的指导语有高度觉知。IBMT包括身体放松、呼吸适应、心理想象、正念练习。在此研究中，使用的是IBMT模板一，包括：训练前期，训练过程，训练后期。训练前期就是在实验的1天前，专业教练将所有被试聚集到一起，进行自由的提问—回答，可以让新手们对IBMT有简单的了解；训练过程就是主试跟随光碟的声音来进行IBMT；训练后期就是每一个被试填写问卷，对训练进行评估，教练对他们的问题进行回答。

注意网络测验（ANT）。在训练之前和之后实施。运用减法反应时来得到各个注意网络的分数，包括警觉、定位、冲突解决。

两组80名被试使用心境量表（POMS），48名被试（28名男性，平均年龄21.7 ± 0.53）在训练5天前和5天后参加瑞文推理测验。实验组和控制组随机选择一半人数（20：20，36名男性，平均年龄21.9 ± 0.97）参加生理指标的测验。心算可以作为一种急性的应激源，在两组IBMT和放松训练的5天后，被试要进行一系列的将四位数减去47的运算，并口头回答。在3分钟的任务时间内，被试要尽可能快和准确，如果被试没有按时完成运算或者回答错误，电脑会发出尖锐的响声来提醒被试，并且被试要重新开始任务。

皮质醇和分泌型免疫蛋白（Cortisol and sIgA）测验在三个时间实施：施加压力之前，心理压力之后，20分钟的附加训练之后。首先，所有被试要有5分钟的休息时间来测验得到基线；然后，所有被试要完成3分钟的心算任务，来检测两组是否有不同的压力；最后，实验组进行20分钟的IBMT训练，控制组进行20分钟的放松训练，检测在5天训练的基础上是否有改善变更。为控制皮质醇浓度不随生理节律改变，数学运算从下午2点到下午6点。唾液样本要在每次测试后立即提取,并且装在试管中,试管要冷藏在-20℃下,24小时后解冻分析。

实验设计:

本实验采用的是 2 × 2 被试内设计。两个自变量分别是组别(实验组和控制组)与训练时段(训练前和训练后),因变量是每次注意网络的得分。运用方法分析和 t 检验对数据进行分析。

4. 结果和讨论

在训练之前,两组的警觉、定位和执行无差异。训练时段的主效应只在执行上显著。更重要的是,组别和训练时段在执行上的交互作用显著,这表明冲突解决的训练之前和训练之后的差异只在实验组显著。这些结果显示,短时 IBMT 训练可以提高执行注意的效率。因为执行注意的效率提高了,研究者就预料,情绪的自我调控力也变好了。结果还表明短时 IBMT 训练可以加强积极情绪,减少消极情绪。IBMT 训练还可以提高实验组的瑞文推理测验的分数,虽然比控制组只是少量提高。

皮质醇和分泌型免疫蛋白是认知挑战产生的压力值的指标。在产生压力之前的基线,两组无显著差异($P > 0.05$)。在数学心算后,两组的皮质醇都增加,意味着心算任务确实会增加压力。然后实验组接受 20 分钟的 IBMT 训练,控制组接受 20 分钟的放松训练。结果表明训练后,实验组反映压力值的皮质醇含量比控制组下降更为显著。分泌型免疫蛋白的结果与皮质醇相似,在产生压力之前的基线,两组无显著差异($P > 0.05$)。而心算任务会导致分泌型免疫蛋白增加。

总而言之,在 ANT 和 POMS 测验中,实验组都比控制组显示了更为显著的改善。我们可以得出结论:相对于放松练习,IBMT 训练更能提高注意力和自我调控能力。相对于控制组,实验组心理压力改善更多。我们的研究结果进一步展现了 IBMT 在压力管理、身心健康、认知能力和自我调节的改善上的潜能。

参考文献

Tang, Y. Y, et al. (2007). Short-term meditation training improves attention and self-regulation. *Proceedings of the National Academy of Sciences*, *104*, 17152–17156.

研究五 短暂的冥想训练可以减少吸烟行为

1. 研究背景

吸烟几乎对身体的每一个器官都有害,会导致疾病,让你的健康打折,即便是这样,吸烟者仍然难以戒烟,甚至只是减少吸烟也很困难。而现在许多青少年也加入了吸烟这个行列。因为一般我们认为烟草使用是通向毒品使用的通道,因此减少吸烟可能可以减少青少年吸毒。一些人戒烟失败可能是由于他们无法减轻退瘾症状,缓解压力,以及降低环境诱发的渴望感,他们会去寻找并服用毒品。这些都需要一种短时有效的干预,来减少吸烟行为和对吸烟的渴望。对吸烟上瘾的一个原因就是缺乏自控力。吸毒的人是典型缺乏自控力。前额皮层(PFC)的功能障碍是一个重要因素,其中包括背外侧前额皮层、前扣带回(ACC)和内侧前额皮层。吸烟者的左背侧 ACC 的脑局部血流量减少,这和在一天的第一根烟以后对烟的渴望降低这个现象有关。这些报告提出了一个问题,是否可以通过干预来改善和加强已经受损的自控力,从而能够改变吸烟行为。已有研究可以初步证明冥想是有改善由于缺乏自控力而产生的消极结果的潜能的。但是之前的这些研究都有着缺陷,包括缺乏适当的控制条件,没有随机分配被试,没有对变化的生物指标进行评估。

2. 研究目的

探讨通过短时的身心合一训练法(IBMT)可以减少对吸烟的渴望和吸烟行为。

3. 实验方法

被试:通过"学习冥想/放松训练来减轻压力和改善认知表现"的广告招募健康的大学生,其中有戒烟目标的将被拒绝。被试有 27 个吸烟者和 33 个非吸烟者(平均年龄 21.46 ± 3.08)。将被试随机分配到 IBMT 组和 RT 组(放松训练组)。IBMT 组有 15 个吸烟者(其中男性 11 名)和 18 个非吸烟者,RT 组有 12 个吸烟者(其中男性 8 名)和 15 个非吸烟者。吸烟者平均每天吸 10 支烟,并且除了烟草外未使用其他毒品。有三个重度吸烟者被随机分配到了 IBMT 组，但是在训练以前 IBMT 组和 RT 组的吸烟量没有显著差异。RT 组的一个吸烟者未完成实验被排除在外，IBMT 组的一个吸烟者没有得到可用数据被排除在外。所有的被试之前对冥想和放松训练没有经验。

材料与方法：

自我报告测量：研究者通过 FTND 量表来筛选吸烟者和非吸烟者。被试通过 5 点李克特量表和 FTND 量表来评估他们对烟渴望的程度。研究者通过 10 点李克特量表来测量被试的戒烟态度。

客观测量：为证实自我报告，研究者使用 CO 分析仪来测量吸烟者肺部和血液中的一氧化碳，以此作为吸烟者对尼古丁成瘾的客观指标。

训练/干预方法：IBMT 训练是冥想的一种形式，结合了身体放松和心理想象，并且冥想训练是在音乐背景下进行的，由光碟中的教练进行引导，通过冥想达到身与心的合一。这种方法并不是控制思维，相反是达到一种既放松又机敏的状态，可以对身体、心灵以及外界环境有着高度的觉知。

RT 训练包括对脸部、头部、肩膀、手臂、腿部、胸部、背部、腹部等的肌肉放松。被试闭着眼睛，由教练引导着，强迫注意力集中在放松的感觉上，例如温暖和沉重的感觉。这种训练帮助被试达到身体和心理的放松。

研究者让被试一起进行训练，但是把他们分开到小组中。被试连续十天每天晚上接受 30 分钟的 IBMT 或者 RT 训练，总共是 5 小时的训练。

实验设计：

用客观测量对被试的吸烟量检测。本实验采用的是 2 × 2 的被试内设计，两个自变量分别是组别（IBMT 组和 RT 组）和训练时段（训练前和训练后），运用方差分析对数据分析。研究者采用 fALFF 来鉴定可观察的吸烟减少量之下的大脑机制，这是内在静息状态活动的指标。在训练之前和之后的两个星期时，研究者运用静息状态的活动 MRI 对被试整个大脑的 fALFF 进行了测量。

4. 结果

在吸烟量上，训练之前的 IBMT 组和 RT 组的吸烟量没有显著差异。训练之后，两组吸烟量差异显著。组别和训练时段的交互作用显著。随后的 t 检验表明，IBMT 组的吸烟减少量显著，而 RT 组的吸烟减少量不显著。

在生理指标上，训练之前，对比吸烟者和非吸烟者，吸烟者 ACC、左背侧

PFC 和其他区域的活动性减少，说明自我控制受损。在 IBMT 训练两个星期后，ACC/内侧 PFC 和额下回/腹外侧 PFC 增加的活动性显著。但是在 RT 组，相同时间的训练后，改变并不显著（$P > 0.05$）。与 RT 组进行对比，在训练之后 IBMT 组的 PCC/楔前叶，小脑和其他区域的活动性显著减弱。

对吸烟渴望程度的自我报告上，在训练之前两组自我报告没有差异。在训练之后，训练时段的主效应在对吸烟的渴望上有显著效应，而组别和训练时段的交互作用有显著倾向。用 t 检验对比训练前与训练后，IBMT 组对吸烟渴望的减少显著，而 RT 组不显著。这些结果显示，短时的 IBMT 训练可以显著减少对吸烟的渴望。

5. 讨论

冥想，对注意和自我控制进行系统的训练，是对内在和外在经验持有一种接受和开放的态度的。冥想也可以有效处理毒品上瘾症状和随之而来的消极情绪与压力反应。之前的研究证实了冥想对一些上瘾症状（包括酒精、烟草、可卡因、安非他明、大麻和鸦片）有着初步的效能。但这些研究缺少随机化和有效的控制组。本研究改善了这些缺陷。研究者的前期工作显示，IBMT 组的 ACC 活动性和效率的增量比 RT 组多。在本研究中，训练之前，吸烟者的 ACC 和 PFC 活动性比非吸烟者低。而在训练之后，只在 IBMT 组有 ACC 和 PFC 活动的增加和吸烟的减少。从某种意义上来说，训练似乎可以让吸烟者有更为正常的活动，但是训练之前吸烟者活动减少的脑区和训练后改善的区域稍微有些不同。而且，在 ACC 和 PFC 的大脑改变程度和吸烟与对烟的渴望的减少程度上，研究者没有发现显著的关联。尽管如此，研究者依然认为训练后 ACC 和 PFC 活动性的增量和吸烟减少很可能有联系。

研究者也发现了 IBMT 组的 PCC 和小脑的活动性相对于 RT 组有减少。这和之前的研究是一致的。因此，ACC 和 PFC 的活动性增加与 PCC 和小脑的活动性减少可能都是吸烟减少的神经联系。研究者还检验了其他的效应：五位吸烟被试在结束 2 周的 IBMT 训练后，仍然进行了 2 周和 4 周的反馈。他们都保持了减少吸烟。此研究的不足之处是，无法准确知道被试这些减少的吸烟行为和对吸烟的渴望会持续多久。而本研究表明，至少是可以维持几个星期的。

克服吸烟的一个重要问题就是对吸烟的渴望。这个渴望会让吸烟者戒烟时复吸，而尝试拒绝吸烟几乎通常会伴随着对烟草某种程度的渴望。IBMT 没有强迫被试去拒绝渴望或者戒烟,而是聚焦在提高自控力上来控制渴望和吸烟行为。意图也是达成目标和改变行为的重要因素。然而,躲避一种想法的意图会让人去抑制这种想法,而抑制对毒品使用的想法反而会增加毒品的使用。此研究的特别之处就是招募的是没有戒烟意图的被试。用自我报告测量可发现他们对减少吸烟的态度没有差异。此研究结果也显示,有戒烟意图的被试没有无戒烟意图的被试表现得好。这表明,通过 IBMT 改变吸烟行为可能是无意识的过程。训练之后 CO 测量结果与自我报告 FTND 测量结果一致,都显示了显著的吸烟减少量。然而,训练之前的自我报告的测量结果没有和 CO 测量结果很好地匹配。这种不匹配可能是由于样本中一个被试在 IBMT 训练后由每天 20 支烟减少到 10 支烟,这位被试也表示他没有意识到他吸烟减少了,他对烟的需求也减少了,但是他并不知道为什么。这也证明了 IBMT 训练之后的吸烟行为和习惯的改变是自发性的。压力也是毒品使用的一个重要因素。累积的压力会降低自控力,增加冲动性,提高吸烟的风险。冥想展现了对压力有关的疾病和吸毒的治疗前景,特别是 IBMT,在几个小时的训练后就能缓解压力。这可能是 IBMT 的机制是通过缓解压力来减少对吸烟的渴望和吸烟行为的。

此研究显示,IBMT 可能可以减少吸烟和对烟的渴望,甚至对没有戒烟意图的人来说也有用。这种低成本、耗时短的干预方法或许可以影响一般通向毒品滥用的生理通道,也可以降低青少年吸毒的风险。

参考文献

Tang, Y. Y., Tang, R. X., & Michael, I. Posner. (2013). Brief meditation training induces smoking reduction. *Proceedings of the National Academy of Sciences*, *110*, 13971−13975.

第二章 社会认知实验

研究一 面孔识别中的"老板效应"

1. 研究背景

个体的差异性体现在一些与大脑神经活动相关的认知加工活动中,如自我面孔识别和自传体记忆等。自我面孔识别反映了人们通过自我与他人的区分识别出自我面孔的过程,有研究发现人们识别自我面孔的速度显著快于识别他人面孔的速度。自威廉·詹姆斯之后,人们发现自我概念在很大程度上依赖于社会环境,而自我面孔识别也受到情境因素的影响,尤其是在实验室操作环境中。

个体对自我面孔的识别快于对熟悉人的面孔,而自我面孔识别的优势因个体自我概念受到威胁而减弱。对此,有研究者提出了自我面孔的内隐积极联想理论(Implicit Positive Association,IPA),该理论认为自我面孔识别以及与之伴随的自我意识激发了自我概念的积极属性,因此促进了对自我面孔的行为反应,从而产生自我面孔识别优势。根据内隐积极联想理论,积极自我概念的激发是造成自我面孔识别优势的基础,如果自我概念的积极属性受到破坏,那么自我面孔识别的优势效应将会被削弱。

2. 研究目的

在生活和工作中,来自上级的负性评价是我们常遇到的一种会破坏自我概念积极属性的社会威胁,那么根据IPA理论,自我面孔识别的优势效应将减弱,本研究的目的就在于验证这一假设。

3. 实验方法

被试：20名中国大学生（10男，10女）。他们都和自己的导师相处了至少一年（14~48个月）。

问卷：首先，被试填写两份对负性评价的害怕程度的问卷（5点计分）。一份是对自己导师，另一份是对同系但非本实验室的其他教师。另外，还有一个单独的题目（11点计分），要求被试评价自己导师与其他教师的社会地位（控制或影响他人或机构的能力）。

刺激和程序：实验之前拍摄被试、导师、某其他教师和实验室同伴的面部照片各10张（5张面部朝左，5张面部朝右）。被试认识导师的时间与认识某其他教师的时间一样长。其中一半被试与导师及某其他教师是同性别，另外一半则相反。被试A的其他教师是被试B的导师，而被试A的导师则成为被试B的其他教师，以此平衡刺激的知觉特征。此外还有20张将面部图片打乱后拼成的图片（无任何面部特征）。图片左侧或右侧有一个灰色竖条。照片的亮度和对比度一致。随机呈现这5类图片。在高威胁情境下，面部照片中含有被试的脸和导师的脸各半；在低威胁情境下，面部照片中含有被试的脸和某其他教师的脸各半。另外一种对比情境下，面部照片中含有实验室同伴的脸和导师的脸。每种情境条件都包括两个block，其中一个block用左手反应，另一个用右手反应。要求被试用单手的食指和中指判断面部的朝向（左/右）或者灰色竖条的位置（左/右）。

4. 实验结果

被试对导师和对其他教师的社会地位的主观评分没有差异。被试更害怕来自导师的负性评价。说明，导师比其他教师对个体的自尊是更大的社会威胁。被试对自我面孔的识别显著慢于对导师面孔的识别，但显著快于对其他教师，存在明显的"老板效应"。左手反应时，在低威胁情境下（被试和其他教师）比在高威胁情境下（被试和导师）被试对自我面孔的识别更快，而对导师和其他教师的反应并无显著差异，说明导师面孔的存在抑制了自我面孔的识别。对实验室同伴面孔和导师面孔的反应也不存在显著差异，说明来自上级的社会威胁影响对下级的反应。另外，害怕负性评价的程度与左手反应正相关，越害怕负性评价，在左手反应时，自我面孔识别的优势越弱。

学生的导师作为一种社会威胁会破坏学生的自我概念的积极属性,于是将学生和学生的导师面孔放到一起进行反应作为高威胁背景,而低威胁背景中,只有自己和其他教师的面孔。个体对自己面孔的反应显著慢于对自己导师面孔的反应;而对自己面孔的反应却显著快于其他教师的面孔;同时还发现被试对导师的惧怕程度与自我面孔优势的削弱程度呈显著正相关,也就是说,如果自我概念受到威胁,那么自我面孔识别的优势效应将会削弱。由此验证了 IPA 理论。进而,也说明社会情境对自我面孔加工相关的行为表现具有很大影响,具有影响力的上级的存在会通过改变自我概念来调节自我面孔加工。

5. 讨论

本研究只是关于社会威胁情境对面孔识别的初步研究。其实,面孔识别深受文化的影响。研究者在后续又做了跨文化比较研究。结果发现,西方人没有"老板效应"。说明在东亚文化下,集体主义观念强烈,个体对社会环境以及与他人的社会联系更为敏感,而西方文化下,个体主义盛行,独立型自我则在面孔识别中增强了自我与他人间的区分。因而,老板作为一种高社会威胁因素而导致的这种老板效应可能仅存于东亚文化下。

参考文献

Ma, Y., & Han, S. (2009). Self-face advantage is modulated by social threat Boss effect on self-face recognition. *Journal of Experimental Social Psychology*, 45 (4), 1048–1051.

研究二 数钱缓解痛苦

1. 研究背景

在心理学的某种意义上,金钱是一种可以满足个人需要的社会资源。作为一种社会性和文化性动物,人类依靠赖以生存的社会系统以获取生存和发展所需,社会支持为个体提供了归属感。然而,除了在最原始的文化中,金钱可以取代社会大众:金钱能帮助人们操纵社会系统,获取所需。换句话说,无论是金钱还是社会接纳都能帮助人们获取社会资源。本研究的目的在于探索金钱和社会排斥之间的关系。近期有研究表明，想到金钱可以激活自我满足感，被试更多地倾向于提供或者索取帮助，说明金钱能提高人们解决问题的自信，满足人们的需要，也就是说，金钱作为一种社会资源，是人们操纵社会资源的有效力量。

2. 研究目的

在本研究中，研究者假设想起金钱能改变社会事件的影响，尤其是社会排斥和社会接受。仅仅是想起金钱概念或者拥有金钱就能够产生力量感和效能感。因此，感觉到社会排斥（较低的社会支持）应该会增强对金钱的渴望，弱化社会排斥带来的痛苦。相反，想到失去金钱可能会增强社会排斥的痛苦。同时，以往研究表明，人们对社会性痛楚和躯体性疼痛反应的形成，可能共享某些相同的机制。那么，金钱究竟会对社会性痛楚和躯体性疼痛产生怎样的影响呢？

3. 实验研究

3.1 实验一 社会排斥激起对金钱的渴望

被试：72名中国大学生（48女，24男），随机分为同性别4人小组。

程序：首先，被试与其他组内成员互相熟悉5分钟，然后被分配到不同的房间。然后，被试需回答"在接下来的两人任务中，最愿意选择和谁合作"。然后研究者告知被试："大家都选择了你"（社会接受组）或"没人选你"（社会排斥组）。当然，这两种说法跟被试的真实回答无关，是由研究者随机分配。接下来，研究者用三种方法测量被试对金钱的渴望：首先，参与者凭记忆画一枚一元硬币（以往研究表明，硬币越大，反映了对金钱的渴望越大）；之后，给被试一张罗列了7件美好事物（"阳光"、"春天"、"巧克力"、"海滩"等）的清单，并要求其回答愿意永久放弃其中哪几样事物以换取1000万元人民币；最后，当实验结束，被试准备离开时，另一位主试（被试并不知道其身份）走进来为孤儿院募捐。

结果：与社会接受组相比，社会排斥组被试画的一元硬币更大，愿意放弃更多的美好事物以换取1000万元人民币，而在捐赠时则变得更吝啬。

结论：社会排斥增强了人们对金钱的渴望。

3.2 实验二 躯体疼痛激起对金钱的渴望

被试： 92名中国大学生（64女，28男）。

程序： 首先，被试被随机分为两组（中性组和疼痛组）来完成一项残词填充任务。中性组被试得到30个中性词（"石头"、"午餐"等）的碎片，疼痛组被试得到的30个词语碎片里，除了20个中性词碎片外，还有10个关于疼痛的词语碎片（"头疼"、"酸痛"等）。接着，给被试一张画着10个不同大小的圆的纸，要求被试从中选出与真实的三枚硬币相同大小的圆。最后，被试需列出他们认为在生活中除了金钱之外重要的10样东西，并回答为了换取1000万元人民币愿意永久放弃其中哪几样。

结果： 与中性组相比，疼痛组被试会高估硬币大小，为了换取1000万元人民币，他们愿意舍弃更多重要的东西。

结论： 想起躯体性疼痛会增强人们对金钱的渴望。

3.3 实验三 金钱概念能够减轻社会排斥带来的痛苦

被试： 84名中国大学生（52女，32男），被随机分为四种实验条件。

程序： 首先，告知被试完成一个测试手指灵巧度的点数任务。给"金钱组"被试提供的是80张百元钞票，而白纸组则是80张同样大小的白纸。接着，告知被试他们要与其他三位被试在电脑上进行一项"掷球游戏"（事实上，其他三名玩家都是电脑模拟的）。在这个游戏中，一开始四人的传球机会是均等的，接下来，正常游戏组被试仍然按照这种均等的传球方式进行游戏，而社会排斥组只得到10次传球机会。之后，被试根据在游戏中的感受填写Southampton Social Self-Esteem Scale以评测其社会性痛苦的程度；最后，被试估计自己得到的传球次数，填写Positive and Negative Affect Schedule（PANAS）。

结果： 社会排斥组比社会接受组估计自己得到更少的传球次数。在社会排斥组，数钱比数白纸更能减轻疼痛感。数钱组比数白纸组的被试感觉自己更强大。

结论： 社会排斥引起了疼痛感，而通过数钱可缓解社会疼痛。结果符合金钱作为一种社会资源的观点，启动金钱概念，能够使人们觉得自己强大从而缓解社会排斥的影响。

3.4 实验四 金钱概念能够减轻躯体性疼痛

被试：96名中国大学生（60女，36男）。

程序：随机将被试分为两组（数钱组和数白纸组），完成与实验三中相同的测试手指灵巧度的点数任务。之后，被试完成疼痛敏感度测验。在高疼痛条件下，被试左手的食指和中指浸入水中三次：首先，在43度（基线温度）的水中持续90 s，接着在50度（高温）的水中持续30 s，最后回到43度水中持续60 s。在中等疼痛条件下，被试的手指在43度水中持续180 s。接下来，被试以九点计分评价在任务中感受到的痛苦程度为指标，最后完成Positive and Negative Affect Schedule（PANAS）评测其情绪状况的任务。

结果：数钱组比数白纸组被试疼痛感得分更低。在高疼痛条件下，数钱能够减轻疼痛感。

结论：金钱能够减缓躯体性疼痛。

3.5 实验五 想到损失金钱会加重社会性痛楚

被试：108名中国大学生（76女，32男），随机分配到四种条件下。

程序：要求一半被试回忆过去30天以来自己的花销情况（金钱组），另一半被试则回忆过去30天以来的天气情况（天气组）。接下来，将被试分为两组（正常游戏组和社会排斥组）来进行实验三中的"掷球游戏"。最后，被试填写心理测量问卷SSSES和PANAS。

结果：金钱组比天气组的社会疼痛评分更高。社会排斥组比正常游戏组被试的社会疼痛分数更高。无论是在社会排斥条件下还是在正常游戏条件下，金钱组被试的疼痛感分数更高。

结论：想到花钱增强了社会排斥的消极影响。在遭到社会排斥时，损失金钱让人们感觉到的痛楚更强烈。

3.6 实验六 想到损失金钱会增加躯体性疼痛

被试：96名中国大学生（56女，40男）。

程序：将被试随机分配到"金钱组"和"天气组"（实验五），进行实验四中的疼痛敏感度测验。接下来，被试以九点计分评价在任务中感受到的痛苦程度为指标，最后完成Positive and Negative Affect Schedule（PANAS）评测其情绪状况。

结果: 金钱组比天气组的社会疼痛评分更高。无论是在社会排斥条件下还是在正常游戏条件下,金钱组被试的疼痛感分数更高。

结论: 想到花钱增强了躯体性疼痛。

4. 一般讨论

众所周知,金钱有很多好处。该研究则发现仅仅是想到金钱就能够给人们带来好处,改变对社会和躯体疼痛的主观感受。遭到社会排斥或者想到躯体疼痛都能够增强人们对于金钱的渴望。数钱的行为激活了人们获得或拥有金钱的想法,能够缓解社会排斥带来的疼痛感和真实的躯体疼痛。回忆花钱能够增强社会排斥和躯体疼痛。金钱作为一种社会资源,能增强人们解决问题和满足需要的信心,正因如此,在逆境时,这种资源则尤为重要。因而,在获得金钱后,社会性和躯体性疼痛都会得到缓解,仅仅是想到金钱,也能够令人感觉更加自信和强大,也可以帮助缓解疼痛感。

参考文献

Zhou, X., Vohs, K. D., & Baumeister, R. F.(2009). The symbolic power of money: Reminders of money alter social distress and physical pain. *Psychological Science*, 20(6), 700-706.

研究三 时间能够拯救金钱带来的道德堕落

1. 研究背景

在日常生活中不道德行为十分普遍。可悲的是,这会给个体、家庭关系、友情,甚至整个学术界都会带来许多消极的影响。近几十年的心理学研究发现,人们试图保持积极的自我概念,而道德是自我形象的核心。正因如此,不道德行为的普遍以及曾经的好人正逐失道德指南让人十分惊讶。那么是否有一些方法可以鼓励人们自我反省,促使其为了维护自我图式而减少不道德行为呢?研究者关注两个影响自我反省的因素:时间和金钱,可能影响不道德行为的产生。这两者都是日常生活中常见的天然资源,但是人们面对它们时的表现则是不同的。当人们关注金钱时,行为会变得自私。仅仅是想到金钱,人们会较少地帮助别人和公平交易,对社会拒斥缺乏敏感性。

2. 研究目的

时间在人们的生活中虽然常见但是人们并没有十分关注。如果人们将注意力从金钱转向时间,那么是否出现更多自我反省行为以及更好的自我图式?之前有研究表明,当人们想起时间时,捐赠行为更加慷慨。时间不仅仅是用来管理日常生活的资源也是一种评价自己和生活的方法。时间能够帮助人们更多地思考自身,可能比金钱更能促使人们自我反省,产生更少的不道德行为。想起时间比想起金钱能让人们更少作弊,更加道德。

3. 实验方法

被试:98名被试(43男)。随机分为三组:金钱启动,时间启动,无启动(控制组)。

程序:启动操纵:告知被试将完成一系列的无关任务。首先,要求被试完成一个组句任务。给被试一系列的词语组,每组四个词,其中混有一些与金钱(金钱启动条件)/时间(时间启动条件)/中性词(控制组)相关的词语。要求被试选其中三个词组成一个句子。例如,金钱启动条件下"sheets the change price";时间启动条件下"sheets the change clock";无启动条件下"sheets the change socks"。被试被要求在3分钟内尽可能多地组句。作弊任务:"数字游戏"中,给被试一个信封,信封里有20美元和两张纸。第一张是用来给被试提供指导语以及记录被试的人口统计学信息和行为报告。第二张的内容是20组数字。每组中包括12个三位数(e.g., 478)。被试在5分钟之内尽量多地从每组中找出两个数字,使之和为10。每找对一个可从信封里拿出1美元。任务完成后被试将第二张纸扔到垃圾箱里,随后将剩下的钱和第一张纸交还给主试。实验是匿名进行的,因此被试完全有机会夸大自己的完成情况以获得更多的报酬。但是,每个被试得到的第二张纸上的测试内容是不同的,主试可以收集到被试的实际完成情况。

4. 结果与讨论

发现受金钱启动的被试更容易作弊,夸大完成情况;而受时间启动的被试则更不容易作弊。金钱会导致腐败吗？仅仅是想到金钱就使人的行为更加不道德，该研究结果为这一问题提供了清晰的答案。很幸运的是，还存在一个同样普遍但能产生相反作用的资源供我们使用。研究表明，将人们的注意力转向时间能够减少作弊行为。当注意时间时，人们会思索如何花费时间将生活整合为一个整体，促使人们以一种更加自豪的方式去为人处世。因而，相对金钱，时间使人们更加道德。

参考文献

Gino, F., & Mogilner, C.（2014）. Time, money, and morality. *Psychological science*, 25, 414—421.

研究四　经济效益影响合作的实验研究

1. 研究背景

在利益的驱动下，人与人之间的合作总是难以达成的（Olson, 1965）。在"囚徒困境"中，这一观点被淋漓尽致地体现出来。在本实验中，独特的经济奖励方式决定了合作出现的概率（例如，如果两个人相互合作，那么会得到 3 美元；但是如果有一个人单方面背叛，他就会得到 5 美元）。不过在这次研究中，我们并没有比较合作与不合作二者价值的多少（如 3 美元和 5 美元），而是研究了人们是否只会比较价值上数值的大小（如 3 和 5）的相关假设。

合作与利益之争一直以来就是人们长期讨论的问题。为了探究那些做出不合作的选择的人的心理，行为经济学家和社会心理学家通过 IPD（囚徒困境游戏）来研究促成合作的因素。这种探索方法能够帮助科学家解释在真实市场交易中那些不合作的行为为什么会发生。不过这样的实验是建立在某种假设的基础上，那就是回报的增长是线性的，也就是说每次增加的价值相等。在生理心理学的一系列研究中，经过科学家们不断努力探索，发现了一个重要的现象：决定合作与否的脑区和比较数字大小的脑区是重合的。这就得出了这样的结论：在决定是否合作以获取更大的经济利益的过程中包含了比较数字大小的过程。这一点在 Fechner 定律中也有所体现。为了测试在经济活动中数字的大小是如何影响是否合作的决定的,我们进行了一系列的实验。

其中实验一和实验二分别单独改变数字的大小和经济利益的大小,而还有另外一个实验将这二者同时改变以观察实验结果。在这里我们将主要探讨实验一和实验二中的情况。经典的 IPD 实验与此有很大的关联,在这里先对 IPD 实验进行简单介绍:

在 IPD 实验中,对于被试者来说结果有四种情况(自己和同伴都合作,代表字母 R;自己合作,同伴背叛,代表字母 S;自己背叛,同伴合作,代表字母 T;自己和同伴都背叛,代表字母 P),情况说明见下图。这四种情况中,自己选择背叛而同伴选择合作的情况可以使被试获得最大的利益,这也就能解释为什么相互合作的情况如此难以达成。

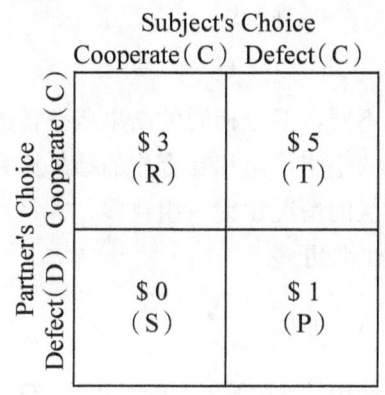

图 3-1 囚徒困境示意图

2. 研究目的

然而本实验提出了不同的假设。实验假定合作与否的决定是与数字大小密切相关的。价值的数字的增加会使得背叛所获利益不再那么明显,从而降低了背叛的诱惑性。实验中,分别对仅仅增大数字而不增大价值的情况(3 美元与 300 美分)以及既增大数字又增大价值的情况(3 美分与 300 美分;或 3 美元和 300 美元)进行了实验。另外实验又在几个不同的数量级上改变经济利益大小和数字大小上进行。从实验结果来看,数字的大小(3 与 300)比价值的大小(3 美分与 300 美分)对于是否选择合作的影响更大。

3. 实验研究

3.1 实验一 3美元 VS 300美分

实验设计：

30位大学本科生被试被随机分成两个组，在这两组中分别使用美元（R=3美元；S=0美元；T=5美元；P=1美元）和美分（R=300美分；S=0美分；T=500美分；P=100美分）进行交易。每一对被试都被随机分成主人公和同伴两个角色，来进行IPD这个游戏。在进行游戏前，没有任何被试了解如何使自己利益最大化的策略。被试会先和实验者玩10局IPD游戏以熟悉游戏规则，这10局游戏不计入实验统计中。然后每组被试都进行80局游戏，并且尽可能使自己得到最大的经济利益。

结果和讨论：

虽然两组计量单位不同，但是相同的结果所获得的利益是相同的。结果表明，以美分为计数单位的小组得出相互合作的结果比另一组要多。而在用美元计量的一组中，相互背叛的情况比另一组要多，并且在同伴选择背叛后，主人公仍然选择合作的情况也要更多。

3.2 实验二 数字 VS 价值

为了探究实验一中使用"300美分"的一组比"3美元"的一组合作情况更多的原因究竟是"300与3"的作用还是"美分与美元"的作用，我们进行了第二组实验。在这组实验中无论是数值还是价值都有了改变，并且被试将使用电脑来反映实验结果。

实验设计：

48名大学本科生被随机分为四组进行实验。其中两组进行与实验一相同的IPD游戏，价值回报和实验一的两组完全相同；另外两组进行和实验一相似的实验，不过价值回报有所不同，一组是"R=3美分；S=0美分；T=5美分；P=1美分"，另一组是"R=300美元；S=0美元；T=500美元；P=100美元"。实验二中所有的被试都和电脑"同伴"进行实验，电脑程序设计的思维方式和实验一中扮演"同伴"角色的被试相类似。

结果和讨论：

与实验一不同的是，这个实验中有两组不同的因素影响实验结果（×1与

×100；美元与美分）。多元方差分析显示数字没有显著影响实验结果，而单位也没有较大影响。

那么是数字的增大还是利益价值的增大会增加合作的可能性呢？数字的增大使得被试选择单方面合作的可能性显著增加，但是经济效益的增加却不能带来相同的效果。也就是说，如果经济利益从 3 美分提升到 300 美分，被试选择单方面合作的可能性就会增加，但是从 3 美分提高到 3 美元就没有这样的效果。被试与其同伴相互合作的情况与被试选择单方面合作的情况也是类似的，数字的增大更加促使相互合作的可能性增大，但是经济利益的增大却没有什么效果。另外，大数值的回报比小数值的回报相互背叛的情况更少，而经济利益的改变对于这一点没什么影响。无论是数值上的改变还是经济利益上的改变，被试都会很快原谅电脑"同伴"的"背叛"。

最后比较了数字的不同和同伴的不同（人和电脑），结果表明实验同伴的种类对于实验结果的影响没有数字的改变对实验的结果影响大。在这几组数据中，被试单方面合作 $\eta_p^2 = 0.12$ vs 0.01，双方合作 $\eta_p^2 = 0.20$ vs 0.001，双方均背叛 $\eta_p^2 = 0.11$ vs 0.05。但是在同伴上一次选择背叛，被试这次仍然选择合作这项统计数据中结果有所不同，同伴种类 $\eta_p^2 = 0.08$，与数字变化 $\eta_p^2 = 0.05$ 相比，同伴种类这项数值更大。

4. 总讨论

我们主要阐述其中的两个实验，实验一说明了当仅仅是价值的数值增大时（此时价值并不升高，例如由 3 美元变为 300 美分），合作的可能性会提高；实验二说明了在价值升高的情况下，只有在数值增大时合作的可能性才会提升。在这种情况下，价值从 3 美分提高到 300 美分可以使合作的概率大大提高，但是从 3 美分提高到 3 美元却基本没有效果。实验结果已经很明显地告诉我们，在人们决定是否采取合作行动时，数字上大小的比较和价值上大小的比较相比，数字上大小的比较占据了更主导的作用。

参考文献

Ellen, E. F., John, E. O. (2008). Cognitive Constraints on How Economic Rewards Affect Cooperation. *Psychological Science*, 20, 11–16.

研究五 物理温暖的体验促进人际温暖

1. 研究背景

为什么我们会这么自然地用"温暖"和"冷酷"来形容一个人？Asch 只给出了"直觉"这一个答案，而后来有理论指出——大多数抽象的心理概念都是由具体的物理经验作为隐喻基础的，这为解释该问题提供了线索。并且具身理论学家已经指出了产生同一种情感反应的两种事物或事件在记忆中是如何关联的。Harry Harlow 在恒源猴实验中得出结论：与母亲舒适、温暖的接触对猴宝宝的成长非常重要，甚至超过了食物。并且这种影响会延续到其成年后的人际交往。近期的神经生物学研究进一步支持物理温度上的感觉与心理上的温暖、信任之间的联系。比如，脑岛皮质同时参与物理和心理上的温暖信息的加工。基于以上理论及经验，研究者提出假设：单纯触觉上的温暖能够激活人际温暖的感觉，并且这种被暂时性激活的人际温暖会在无意中影响到被试对他人的判断和行为态度。

2. 研究目的

物理上的温暖/寒冷体验是否会促进人际间的（心理）温暖/冷酷的知觉？

3. 实验方法

实验材料：

（1）冷/热咖啡，人格印象问卷、填答式问卷（实验一）。

（2）冷/热治疗垫，产品评估问卷、实验报酬选择问卷（实验二）。

实验设计和过程：

实验一：

单因素两水平组间设计。①在带领被试乘电梯到四楼实验室的途中，让其在不经意间拿住实验助手（助手并不知道实验目的）的咖啡杯（一半被试拿到热咖啡，另一半拿到冰咖啡），并在到达指定楼层前把咖啡杯还给实验助手，被试持咖啡的时间约 10～25 s。随后将被试领到实验室中的单人隔间。②为了掩饰实验的真实目的，被试被告知实验是用来探索个体知觉和消费主义之间的关系的。让被试先后完成一项人格印象问卷和一项填答式问卷（要求被试评定 2 辆车的吸引力和实用性）。③在人格印象问卷中，给被试呈现个体 A 的简短描述：A 是一个聪明、有技能、又很勤奋的人，同时也是一个坚定的、实干的、谨慎的人。随后用 7 点量表让被试对个体 A 的品质进行评价。评价的特质中有 5 个是冷/热维度的特质：有吸引力的/无吸引力的，自在不羁的/严肃认真的，健谈的/安静的，强壮的/虚弱的，诚实的/不诚实的。对被试的评价计算平均分，作为被试对个体 A 的"温暖"程度的判断指数。④最后，要求被试回答一系列问题，来检测其在多大程度上意识到了对咖啡的冷热的操纵影响他们之后在问卷中的反应。结果是没有人意识到。

说明：为了排除被试仅仅是出于对冷/热咖啡的喜欢而导致了后来的反应差异，实验又用 7 点量表测量了被试对冷/热咖啡的喜欢程度，结果显示无差异。

实验二：

2*2 组间设计。一个变量为治疗垫的温度（热/冷），另一个变量为回报可选条件（给自己 Snapple 饮料，给朋友礼券；或者给自己礼券，给朋友 Snapple 饮料）。①为了掩饰实验的真实目的，告知被试实验是为了调查消费者的意见。②实验主试给被试发一份 2 页的产品评估问卷（这也是主试与被试唯一一次接触），指导被试把问卷填完。第一页指导被试从一系列蓝色或白色的产品中选择一件拿在手里，白色为热的治疗垫，蓝色为冷的治疗垫，选择两种治疗垫的人数相当。③要求被试用 7 点量表来评价该产品的有效性（从完全无效"1"到十分有效"7"），并表明他们是否愿意把该产品推荐给亲人、朋友或陌生人。此外还要估计治疗垫的温度（华氏温标）。前两个问题用于支撑实验初告诉被试的虚假实验目的，最后一个问题用于检验对自变量的操纵状况。④产品评估问卷中剩下的指导语让被试重新拿好治疗垫，如果他们之前没有这么做的话。⑤在最后最关键的问卷中，对被试的参与表示感谢，并给予他们两种不同选择的实验报酬。其中一半的被试，可以选择 Snapple 饮料作为个人奖励，"Refresh yourself with a Snapple! Made from the best stuff on earth! Quench your thirst with a refreshing drink!"；或者选择送朋友 1 美元冰淇淋券，"Treat a friend to Ashley's! Have a $1 gift certificate on us! Give someone the gift of the best ice cream in Connecticut!"。另一半被试，可以选择送朋友 Snapple 饮料，"Treat a friend to a Snapple!

Made from the best stuff on earth! Give someone the gift of a refreshing drink！"；或者选择 1 美元冰淇淋券作为被试个人奖励，"Refresh yourself with Ashley's! Have a $1 gift certificate on us! Satisfy yourself with the best Ice Cream in Connecticut！"。被试的不同选择将作为因变量。不同组要平衡温度变量。⑥最后，检测被试在多大程度上意识到实验的假设，并删除猜测到实验假设的被试的数据。

说明：①由于实验一中实验助手不知道实验目的，他们在拿了不同温度的咖啡后可能对被试产生不同的态度，所以实验二做了改进，让被试在指导下自己去取治疗垫。②实验二的另一个目的是将研究从"温度对被试的人际态度的影响"延伸到了"对被试行为的影响"。

4. 结果和讨论

（1）相对于拿冷咖啡杯的被试，拿热咖啡杯的被试认为知觉对象更温暖，两者差异显著。但是对咖啡温度的操纵不能显著影响被试对冷/热维度以外的品质的判断。

（2）温度与回报可选条件之间存在显著的交互效应，不论实验回报是饮料还是冰淇淋券，之前感受到冷刺激的被试更倾向于把礼物给自己（75%），而不是给朋友（25%），感受到热刺激的被试更倾向于把礼物给朋友（54%），而不是给自己（46%）。温度和礼物偏好都没有显著的主效应。

总的来说，物理上的温度体验确实会在无意识的条件下影响一个人对他人的印象和行为态度。这个结论与神经生物学的研究相一致，同时也证实了 Bowlby 的论点——个体早年从照料者身上获得的物理温暖会影响到其成年后的人际。我们也渐渐了解，为什么温暖/寒冷维度对人际知觉和行为那么重要。

参考文献

Lawrence, E. W., John, A. B. (2008). Experiencing Physical Warmth Promotes Interpersonal Warmth. *Science*, *322*, 606–607.

研究六　洗清你的罪恶：心灵的清洁和身体的清洁

1. 研究背景

很多宗教要求保持身体上的清洁，表明身体清洁仪式能净化人的心灵。在语言上，人们在用"干净"、"纯净"等词形容物理状态的同时，也用来形容道德状态，比如英语中的 He has a clean record。不仅仅在认知上，甚至在情绪、情感上，身体纯净与道德清明也是紧密相关的。比如"恶心"同时被使用在物理和道德两个领域。人们在面对生理和道德上令人恶心的事件时所表现出的面部表情是相似的，并且两者所引起的大脑激活的部位也相近，主要集中在额叶和颞叶。

由于心理学、生理学、神经科学等都表明身体清洁与道德清明之间有共通之处，那么身体清洁的行为有没有可能会降低道德上的罪恶感呢？

2. 研究目的

当一个人的道德感受到威胁时是否激发他清洁自己身体的需要？反过来，清洁身体是否真的能有效帮助人们很好地应对自身道德感下降？

3. 实验方法

实验材料：

（1）纸笔（实验一）。

（2）纸笔；Dove 沐浴露、Crest 牙膏、Windex 清洁剂、Lysol 消毒剂、Tide 洗涤剂；还有其他产品包括 Post-it 便利贴、Nantucket Nectars 果汁、Energizer 电池、Sony CD 机和 Snickers 巧克力（实验二）。

（3）无菌毛巾、铅笔（实验三）。

（4）纸笔；电脑；无菌毛巾（实验四）。

实验设计和过程：

实验一：清洁相关词对心灵的触及

单因素二水平组间设计。（1）被试一到现场就被领到了独立的分组讨论室，并被告知实验的目的是研究道德/不道德行为与记忆的关系。(2) 道德条件组的被试要求回忆他曾经做过的一件有道德的事情, 并详细地描述当时的情绪和感受; 不道德组的被试要求回忆他曾经做过的一件不道德的事情, 同样描述当时的情绪和感受。(3) 在回忆任务结束之后, 要求被试完成一项似乎不相关的残词补笔任务。比如给出 6 个残词, 其中 3 个 (i.e., w＿＿h, sh＿＿er, s＿＿p) 可以被补成与清洁相关的词 (i.e., wash, shower, soap) 或者与清洁无关的词 (e.g., wish, shaker, step)。(4) 计算被试填充出来与清洁相关的词的个数, 并以此作为测量清洁相关词与心理相关程度的方法。

实验二：洗去心理污点

单因素二水平组间设计。(1) 被试一到现场就被领到了独立的分组讨论室, 要求完成一些复杂的似乎与实验无关的任务。首先告知被试实验目的是为了研究笔记与性格的关系, 然后让被试抄写一则短故事。通过这项任务实现对被试道德感和不道德感的内隐式的操纵。道德组抄写的是关于一个诚实的公职人员的故事, 不道德组抄写的是不诚实的公职人员的故事, 故事情节等其他内容都是相同的, 只是最后主人公的选择和行为不同。(2) 抄写任务完成后, 要求被试完成一项销售任务, 并用 7 点量表测量其对各种不同的产品的需求程度。其中有些是清洁产品, 包括 Dove 沐浴露、Crest 牙膏、Windex 清洁剂、Lysol 消毒剂、Tide 洗涤剂; 还有其他产品包括 Post-it 便利贴, Nantucket Nectars 果汁, Energizer 电池, Sony CD 机和 Snickers 巧克力。(3) 将需求的量表评分作为因变量, 因为想要清洗身体的人才会需要清洁产品。没有人想到两项任务之间的关系。

实验三：无菌毛巾还是铅笔

单因素二水平组间设计。(1) 按要求完成与实验一同样的回忆任务 (道德/不道德事件回忆)。(2) 然后在休息期间, 实验主试对被试进行单独询问, 问其想要选择无菌毛巾还是铅笔作为礼品 (两种礼品均被主试带到现场, 分别握在手上)。将被试的选择作为因变量。(3) 对另外 15 名本科生进行类似的但是与道德无关的回忆任务, 随后再让他们在无菌毛巾和铅笔两种礼品之间做出选择: 其中 53%选毛巾, 47%选铅笔。以此来保证两种礼品在一般被试心中是等价的。

实验四：真的能洗掉罪恶吗

单因素二水平组间设计。(1) 被试一到现场就被领到了独立的分组讨论室,并被告知即将要其完成一项电脑任务和一项纸笔任务。(2)首先要求被试通过一项电脑程序回忆一件不符合道德的行为(同实验一)。(3)所有被试被随机分成两组。在清洁条件组,告知被试实验室有义务在被试使用公共电脑之后向其提供擦手的毛巾,所以他们给了被试一条菌毛巾;而在非清洁条件组,则仅仅告诉被试他们已经完成电脑任务,可以去做纸笔任务了。(4)随后,两组被试同时完成一项纸笔任务,要求他们评估自己当时的情绪状态,包括:恶心、幸福、愉快、内疚、尴尬、遗憾、平静、羞耻、自信、激动、悲痛和愤怒。(5)实验最后,恳求被试帮助一名本科生完成他学位论文的实验,他无法提供实验报酬,但是现在又急需更多的实验数据。

说明:猜想的结果是,由于回忆完不道德事件,被试会愿意帮忙来弥补之前的过错,但是对于擦过手的被试来说,他们已经洗去了道德污点而保持着与原来相近的道德感水平因而不愿帮忙。

4. 结果和讨论

(1)回忆不道德事件的被试比回忆符合道德事件的被试在残词补笔任务中产生了更多的与清洁有关的词。

(2)相对于抄写符合道德的故事的被试,抄写不道德故事的被试更想要清洁产品,而对于非清洁产品的需求程度,两组被试无差异。

(3)回忆不道德事件的被试中有75%的人选择无菌毛巾作为礼品,比例高于回忆道德事件的被试中选择毛巾的(37%)。

(4)身体清洁显著地降低了被试做志愿者的比例:非清洁条件组的被试有74%的人愿意提供帮助,而清洁条件组的被试(即有机会擦过手的被试)只有41%的人愿意提供帮助。身体清洁同时也影响被试的情绪状态:回忆了不道德事件之后洗了手的被试与没洗手的被试相比减少了道德相关的情绪,但是不影响道德无关情绪。

实验一到实验四证明了身体和道德清洁之间存在相关:道德感受到威胁会激发身体清洁的需要,这样可以减轻道德相关的情绪,并减少直接的弥补过错的行为。该研究为以后探索人们的道德选择机制奠定了基础,也为今后的研究提供了诸多方向:身体清洁在提高了人的道德感之后又将如何影响其随后的行为?严密的卫生清洁工作能促进道德水平提高,还是会导致道德下降?等等。

参考文献

Chen-Bo, Z., & Katie, L. (2006). Washing Away Your Sins: Threatened Morality and Physical Cleansing. *Science*, *313*, 1451–1452.